山东省矿山灾害预防控制国家重点实验室培育基地开放基金(MDPC2012KF06)资助
国家自然科学基金青年基金(51604007)资助

采场底板应力传播规律
及其对底板巷道稳定性影响研究

张华磊　王连国　文志杰　著

U0337715

中国矿业大学出版社
· 徐州 ·

内 容 提 要

本书系统介绍了作者近几年来在底板巷道围岩稳定性与控制理论及应用方面的一些新的研究成果。本书的主要内容包括：绪论；采动支承压力在底板中的传播规律研究；采场侧向支承压力在底板中传播规律的数值模拟研究；采动支承压力对底板巷道围岩稳定性影响研究；采动支承压力对底板巷道稳定性影响的相似材料模拟研究；采动支承压力对底板巷道稳定性影响的数值模拟研究；跨采动压巷道围岩控制工程实践；结论。

本书可供采矿工程、矿山安全等专业的科技工作者、研究生和本科生参考使用。

图书在版编目(C I P)数据

采场底板应力传播规律及其对底板巷道稳定性影响研究 / 张华磊,王连国,文志杰著. —— 徐州：中国矿业大学出版社,2018.10

ISBN 978 - 7 - 5646 - 4214 - 3

Ⅰ.①采… Ⅱ.①张… ②王… ③文… Ⅲ.①煤层－底板压力－研究 Ⅳ.①TD322

中国版本图书馆 CIP 数据核字(2018)第 238882 号

书　　名	采场底板应力传播规律及其对底板巷道稳定性影响研究
著　　者	张华磊　王连国　文志杰
责任编辑	马晓彦
出版发行	中国矿业大学出版社有限责任公司
	(江苏省徐州市解放南路　邮编 221008)
营销热线	(0516)83884103　83885105
出版服务	(0516)83995789　83884920
网　　址	http://www.cumt.com　E-mail:cumtpvip@cumtp.com
印　　刷	虎彩印艺股份有限公司
开　　本	787 mm×1092 mm　1/16　印张 8.5　字数 162 千字
版次印次	2018 年 10 月第 1 版　2018 年 10 月第 1 次印刷
定　　价	32.00 元

(图书出现印装质量问题,本社负责调换)

前　　言

　　为改善巷道的维护状况、防止煤层自燃、减少护巷煤柱损失、保证安全生产，在进行巷道布置时，我国很多矿区的主要大巷、采区上下山及区段集中巷都布置在围岩较稳定的底板岩层中。受巷道上方工作面的采动影响，巷道围岩应力超过围岩强度，导致围岩破裂、强度弱化，表现出软岩的特征。因此，动压影响底板巷道的支护与维护问题日显突出，成为一些矿区高产高效与安全生产的主要制约因素，给矿区可持续发展带来极为不利的影响。

　　大量工程实践表明，许多情况下，底板巷道受采动影响前，维护状况良好，受采动影响后，虽然锚杆、锚索很少会被拉断，锚网支护强度并不低，但围岩大多会产生强烈变形，甚至失稳破坏。U型棚支护巷道在强动压作用下往往也发生大面积失稳变形。

　　针对目前动压巷道围岩控制中存在的问题，本书采用相似材料模拟试验、FLAC^{3D}数值模拟、理论分析和工程实践等方法，研究了采动应力作用下巷道围岩变形破坏的演化规律，建立了采场底板应力分布及采动支承压力传播的力学模型，分析了工作面回采过程中底板采动应力分布及传播规律，得到了工作面开采过程中支承压力诱导的底板下某一固定点的应力变化规律；建立了底板巷道的弹塑性力学模型，分析了采动应力作用下巷道围岩应力及位移演化规律，进行了跨采巷道的控制实践，并对支护参数进行了优化设计。底板巷道的破坏机理十分复杂，影响因素也是多方面的，如与巷道围岩的力学性质、采煤工作面开采速度等都有一定的关系。因此在一定的采矿区域，分析和研究跨采巷道变形破坏的影响因素及变化规律，可以为跨采巷道的围岩控制奠定基础。

　　本书的研究内容如下：

　　（1）基于弹性力学半无限体理论，采用附加应力计算方法建立了采场底板应力分布及采动支承压力传播的力学模型，分析了工作面回采过程中底板采动应力分布及传播规律，得到了工作面开采过程中支承压力诱导的底板下某一固定点的应力变化规律。

　　（2）考虑底板采动应力与巷道围岩应力的耦合及岩石应力-应变软化特性，建立了跨采动压巷道的弹塑性力学模型，分析了上方不同煤层工作面开采时巷道围岩的应力分布规律及巷道围岩变形特征,讨论了支护阻力与跨采动压巷道围岩变形之间的关系,给出了巷道应力及变形随工作面回采时的表达式。

(3)借助数值模拟与相似材料模拟方法,分析了跨采动压巷道在煤层群采动时的稳定性特征,得到了巷道围岩应力、塑性区范围及变形规律等随不同的煤层群开采顺序、巷道与上方工作面垂直距离和水平距离的变化规律。研究表明:自上而下的煤层群开采顺序更有利于底板巷道围岩的控制;巷道与上方工作面水平距离、垂直距离越小时,受到的采动影响越大;巷道靠近工作面一侧拱腰处最先进入破坏状态,且破坏范围最大,是重点的围岩控制区域。

(4)运用数值模拟与相似材料模拟研究了不同支护强度对跨采动压巷道围岩的控制作用,揭示了跨采动压巷道围岩的变形破坏特征,据此提出了分阶段支护理念,即根据上方工作面煤层不同的开采顺序,选用不同的支护方案。

(5)针对淮北矿业(集团)有限责任公司海孜煤矿跨采动压巷道支护存在的问题,提出了以注浆锚杆为核心的分阶段支护方案,通过现场长时间观测,结果表明该支护方案有效地控制了巷道围岩的剧烈变形,保持了巷道围岩的稳定,巷道安全性大大提高。

本书在写作过程中得到了中国矿业大学吴宇博士、陆银龙博士、王占盛硕士,淮北矿业(集团)有限责任公司海孜煤矿李忠凯副总工程师、王风副总工程师的悉心指导、协调和帮助,在此表示衷心的感谢。

本书的出版得到了国家自然科学基金青年基金(51674007)及山东省矿山灾害预防控制国家重点实验室培育基地开放基金(MDPC2012KF06)的资助,特此感谢。

由于时间仓促、作者水平所限,书中疏漏在所难免,恳请专家、同行批评指正。

著　者

2018 年 8 月

目　　录

1 绪　　论

1.1　研究背景及意义

我国煤炭资源丰富,成煤时期多,赋存条件十分复杂,绝大多数采用井工开采。巷道是煤矿生产的命脉,在煤矿巷道中,70%～80%的巷道受到采动影响,尤其是矿井深部的巷道表现出明显的软岩特性,巷道强烈底鼓、围岩难以控制,受动压影响的巷道维护状况已成为制约煤矿集约化生产的瓶颈,因此煤矿巷道的围岩控制要比一般地下工程困难。我国煤矿巷道不仅要花费巨额的掘进和维护费用,而且巷道围岩控制直接影响井下的生产和安全,是煤炭工业生产建设中的重大问题。

对于煤炭资源来说,既要合理、安全开采,又要尽可能地高效回采利用。因此,许多矿井为了提高煤炭回采率,就要考虑采取适当的措施来减小保护煤柱尺寸,或者对应力集中区进行卸压开采,这就不可避免地导致了受动压影响的巷道数量增加。为了保证煤矿正常生产,必须采取一定的措施对巷道围岩进行控制,而且采矿工程学科的核心理论与关键技术之一就是岩层控制。巷道围岩控制的基本目的和任务在于提高巷道的稳定性,围岩应力、围岩性质和围岩支护是决定巷道稳定性的基本因素,巷道的布置、保护、卸压及支护是围岩控制的基本手段。

国内外采矿工作者对跨采动压巷道围岩破坏机理及控制进行了许多开拓性的研究,研发了实用的跨采动压巷道支护技术,并取得了其他的一些研究成果。但是这些成果大都集中在巷道围岩自身的物理力学性质等一般地下工程围岩稳定性方面,而受多次采动影响的跨采动压巷道还有其独特的特点,比如巷道围岩不仅会受到掘进成巷时由于掘进而应力重新分布作用的影响,还会受到上方工作面或者邻近采区工作面多次采动的影响,巷道变形破坏机理更为复杂,用静压解释巷道围岩变形破坏机理是行不通的,对诱导底板巷道破坏的根本原因——采动支承应力在底板岩层中的传播规律尚未有系统的研究。因此,开展底板应力传播规律及其对底板巷道稳定性影响的研究具有较高的理论意义与实用价值。

1.2　国内外研究现状

1.2.1　支承压力在底板岩层中的传播规律研究

依据土力学理论,集中力 p 作用在半无限体的平面上,对平面下方任一点 M 将产生影响(图 1-1)。根据弹性力学理论的半平面体在边界上受法向集中力的问题,可以得出水平面上的应力 σ_z,如式(1-1)所列。

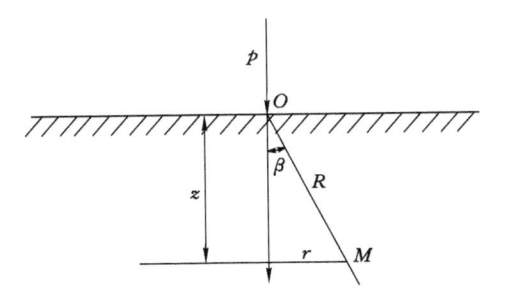

图 1-1　集中力对半无限体平面内 M 点的影响

$$\sigma_z = \frac{3p}{2\pi \left[1 + \left(\dfrac{r}{z}\right)^2\right]^{5/2} z^2} \tag{1-1}$$

在实际工程中很少遇到集中载荷作用的情况,但是通过式(1-1)这个解,可以知道应力在岩体内的传递规则,并且可以用积分的方法解决其他形式载荷下的应力分布问题。德国学者雅可毕将煤层开采条件理想化,即将岩体视为均质的弹性体,对煤柱和煤体下方底板岩层中的应力分布进行了模拟计算。近些年我国专家学者也进行了一定的研究工作。

唐孟雄将煤层底板看作一个半无限体,利用弹性理论有关半无限体平面问题的解答,以应力增量的形式讨论了煤层工作面开采过程中底板某点的应力状态。朱术云、肖远见、张晓君等在分析矿山压力的基础上,建立了煤层底板应力分析计算模型,运用弹性理论对煤层底板随工作面推进相对固定位置剖面处应力分布规律进行了求解,得出随着工作面推进,煤层某相对固定位置底板应力沿深度变化幅度越来越小,在一定深度范围内垂直应力的释放速度远大于水平应力的释放速度,故最大主应力方向由开始的垂直方向变为后来的水平方向。彭维红等从格林函数和双调和函数的基本解出发,将双调和方程的边值问题转化为只与边界面力有关的边界积分方程,进而求得具体边界面力条件下半平面弹性问题的解析解,并用于研究底板岩层中的应力分布(图 1-2),得到底板应力增量分布的解析计算公式。

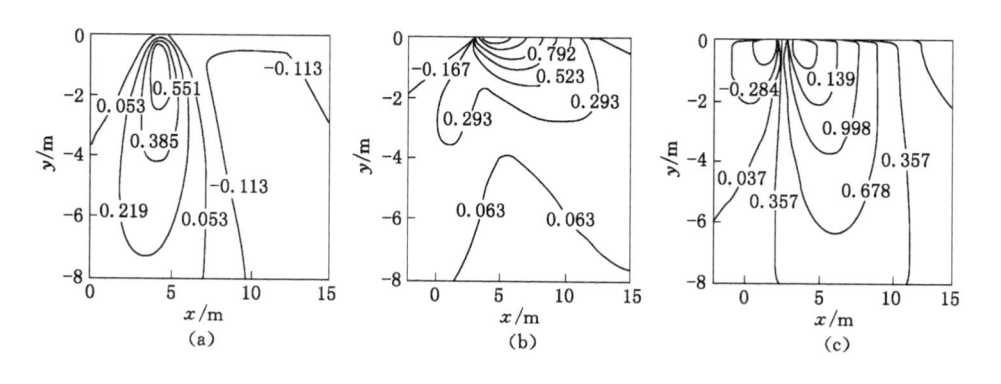

图 1-2　底板应力增量分布图
(a) 垂直应力;(b) 水平应力;(c) 切应力

弓培林等利用三维模拟试验台模拟得出,开采过程中煤层底板的应力、位移一直存在动态变化,一般都要经历周期性升降,应力集中升高区在工作面前后5 m 左右,而位移升高区在工作面后方(采空区)15 m 左右。采空区底板应力的空间分布不仅与工作面的开采有关,而且与时间有关,随着时间的延长,采空区中部应力恢复的幅度高于其边缘(距煤柱 10 m 以外),而位移恢复的幅度较小,这是带压开采的主要特点。距煤层底板的距离不同,其位移与应力变化的频度与幅度也不同,一般情况下距煤层底板 10~15 m 的范围内,应力变化最剧烈。林峰采用相似材料模拟试验(几何相似比为 1∶50),以淮北芦岭煤矿为原型,分析受采动影响时煤层底板应力场的分布,得出工作面前方煤体中支承压力的形成需要 60~80 m,移动支承压力的作用范围为 55 m 左右,固定支承压力的作用宽度为 50~60 m。关英斌等利用 3D-σ 程序模拟了多煤层开采时底板的应力分布以及破坏状态。另外,郭惟嘉、尹鹤峰、李兴高、秦忠诚等众多学者对底板的应力分布也进行了研究。

1.2.2　巷道围岩破坏机理的研究

国内外采矿专家学者对巷道围岩变形破坏机理进行了长期研究,先从岩层巷道到煤层巷道,从静压巷道到跨采动压巷道,然后逐步深入煤矿开采中遇到的各种复杂条件的巷道都做了相应的研究。而采用的方法也从弹性、弹塑性方法发展到流变方法,现阶段弹塑性分析方法与流变分析方法仍是主流。损伤、断裂、扩容等也逐渐成为人们研究的热点。

岩石地下工程是指在地下岩石中开挖并临时或永久修建的各种工程,如地下井巷、隧道等,而采矿工程中所涉及的岩石地下工程(如巷道、硐室等)往往是规模最大、条件最为复杂的地下工程。

巷道开挖前,所处的地下岩层处于天然平衡状态,巷道或硐室的开挖破坏了原有的应力平衡状态,引起围岩应力重新分布,出现应力状态改变和高应力集中,产生向开挖的巷道或者硐室内的位移或者破裂。在支护结构与围岩的相互作用过程中,形成对支护的载荷作用。开挖巷道或者硐室时,不管最终是平衡还是破坏,其围岩内部的应力都会进行重新分布,这一应力重新分布行为是巷道围岩自行稳定的过程,因此充分发挥围岩的自稳能力是实现岩石地下工程稳定性的最经济、可靠的方法。巷道稳定性研究是 20 世纪中期以来岩石力学一个最重要的成果,其中包括巷道围岩的弹性、弹塑性分析结果,利用复变函数求解围岩的弹性平面问题,现代块体力学的围岩稳定性分析,软岩支护与新奥法理论技术,以及巷道或者硐室稳定性问题的各种数值模拟方法等。

20 世纪 60 年代末至今,出现了考虑支护与围岩共同作用的弹塑性理论解,同时也出现了考虑围岩节理、裂隙的解析解。这些解答首先是通过有限元法得到的,而对于其中的某些情况,也可以运用解析法进行计算。在我国科研、科技和教学部门以及一些重大的设计中,运用共同作用理论求解已经普及。运用共同作用理论解决实际问题,必须要以原岩体应力作为前提条件进行理论分析,才能把围岩和支护的共同变形与支护上的作用力、支护时间、支护刚度等正确地联系起来。

在工程计算中,常需要计算巷道围岩压力。根据巷道围岩破坏形式,可将巷道围岩压力分为四类——塑性形变压力、松动压力、冲击压力和膨胀压力。范文等基于弹塑性理论,利用统一强度推导了巷道围岩压力的计算公式,得出对于不同类型的岩石材料,可根据岩石力学试验结果来选择恰当的 b 值,从而确定围岩压力与塑性区半径。取不同的 b 值时,对塑性区半径的影响不大,对围岩压力影响较大。选择合理的支护结构,允许一定的塑性区,在工程支护中是很有必要的。另外,由于该计算公式是基于莫尔-库仑强度准则的,故计算出的巷道围岩塑性区、位移值都偏于保守,但是对于工程设计还是具有很高的参考价值的。

李明远等针对软岩巷道的特点,将岩石的全应力-应变曲线分段线性化,基于莫尔-库仑准则得到轴对称软岩巷道的弹塑性应力及位移的解析解,将巷道划分为弹性区、塑性软化区及残余强度区,得出各个分区内的应力以及位移函数,并对注浆以后的巷道进行了讨论,得出巷道注浆加强支护后的应力位移的解析解。

　　翟所业等考虑了巷道围岩屈服受中间主应力的影响,运用德鲁克-普拉格准则推导出深埋圆形巷道塑性区半径及应力的解析解,较全面地考虑了影响巷道围岩塑性区半径及围岩位移的各项因素,并将推导出的塑性区半径与卡斯特纳(Kastner)按莫尔-库仑准则推导出的塑性区半径进行了比较。结果表明,不管各项参数如何取值,其计算出的塑性区半径均大于卡斯特纳计算出的塑性区半径,此点较好地说明了中间主应力对于巷道围岩稳定性的影响。

　　蒋斌松等分析了随着开采深度的增加,在高围压的作用下,巷道围岩普遍出现破裂,而且破裂范围在扩大的同时,往往会出现继续破坏的现象。针对长的圆形巷道,将巷道围岩分成破裂区、塑性区和弹性区,采用莫尔-库仑准则,运用非关联弹塑性分析,获得了应力与变形的封闭解析解。通过利用在弹塑性区交界处应力连续的条件以及在破裂区与塑性区交界处径向应变连续的条件,获得破裂区与塑性区半径的表达式,并用具体实例分析说明了支护对巷道围岩稳定性的影响。

　　在长期的岩体工程实践中,人们注意到工程岩体的应力场、物理力学性质、变形破坏特征等均随着时间而不断发生变化,即具有显著的时间效应。持续变形是巷道特别是软岩巷道或者是复杂条件巷道的另一显著特点,也是巷道控制的难点之一。部分软岩巷道或者复杂条件巷道的底鼓量有时甚至是巷道掘进时矸石量的几十倍,利用现有的理论很难解释。根据以往的研究,巷道底板中存在零位移点以及零应变点,显然底板中鼓出的大量岩石并非全部来自底板,这就需要我们引入岩石流变的概念对巷道进行研究。随着流变学的成熟,陈宗基等率先开展了流变学在岩土工程领域的研究。陈宗基等在研究金川矿区巷道围岩稳定性问题时,引用了流变的概念,认为地壳受压时会产生缓慢的流变,但仍处于平衡状态,而当巷道开挖后破坏了地壳的原岩应力场,巷道围岩会向巷道空间缓慢移动,形状不变,但体积会增大,巷道围岩不会开裂;巷道开挖后的长期稳定性,主要取决于巷道围岩的长期强度。在陈宗基等研究的基础上,我国学者应用流变理论对巷道的变形破坏又做了进一步的论述。

　　梁先发等得出了考虑围岩应变软化的圆形巷道受静水压力作用时的黏弹性解析解,分析讨论了不同的围岩残余强度对巷道围岩的变形及衬砌受力的影响,认为轻微地提高岩体残余强度,就可以成倍地减小衬砌的受力,因而合理、高效的支护方法就是提高或保持围岩的残余强度,以改变衬砌的受力及对其强度的要求。卢爱红等认为软岩巷道围岩体具有明显的大变形、大地压、长时间持续流变的特性,这使得软岩巷道尤其是衬砌支护之后巷道的大变形及控制机理成为复杂的力学问题。利用围岩与支护的接触条件,运用黏弹性理论研究了软岩巷道问题,并探讨了巷道位移、支护阻力与黏性系数和时间的关系。研究结果显示:黏性系数越小,时间对于软岩巷道变形影响越大;增大围岩的黏性系数会减小巷道的变形。

焦春茂等叙述了采用积分算子方法时弹性解与黏弹性解之间的对应关系,具体求出带有 H-K 体的蠕变核与松弛核,借助带有弹性支护的黏弹性围岩应力解析解,计算分析了支护结构上载荷以及围岩应力的分布形式与变化规律,对围岩应力的调整有了更深层次的了解与认识,更有利于巷道围岩的支护。王泳嘉利用线性黏弹性的对应原理得出关于黏弹性岩石中井筒的井壁压力及位移的理论解,对于不规则形状的井筒或者巷道,则仍可采用对应原理,将解决弹性问题的边界元法或其他任一种数值方法结合 Laplace 变换的数值方法来求得黏弹性接触问题的数值解,给出一个算例并与其比较,结果证明相等。数值方法可推广到处理围岩与衬砌两者都具有黏弹性的不均质情况。

李忠华等认为由于巷道掘进破坏了原始地应力场,使围岩应力重新分布,应力集中区的高应力造成了巷道围岩的变形破坏,特别是布置在高地应力区的巷道围岩变形破坏更加严重,因此必须合理、准确地计算出巷道围岩应力场,为巷道围岩变形破坏计算及稳定性分析提供理论依据。岩体内部存在微裂隙,在高应力的作用下会扩展、并合,由此决定了岩体的宏观力学性能。因此巷道围岩应力场的计算应该考虑岩石材料的损伤特性,然后基于岩石的损伤特性建立巷道围岩的受力表达式,计算出不同地应力场下的圆形巷道应力场分布,且计算结果与实际情况相吻合。

所谓岩石分区破裂化,是指在深部岩体中开挖硐室或巷道时,在其两侧和工作面前的围岩中产生逐次交替的破裂区和未破裂区。岩石分区破裂化现象目前在很多国家的深部矿山开采过程中都曾被发现,例如南非的金矿、俄罗斯的金属矿山和煤矿等;我国也发现了深部巷道围岩的分区破裂化现象。该现象是岩石力学领域尚未解决的一个难题。

周小平等认为深部巷道外部受到远场原岩应力的作用,而内壁受到一个随时间变化的内压作用,开挖过程是动力问题,其运动方程可以用位移势函数来表达。通过对运动方程进行 Laplace 变换,进而求得其通解。根据弹性力学知识和边界条件可得到巷道围岩由于开挖扰动和原岩应力作用引起的弹性应力场和位移场。当该弹性应力场满足破裂条件时,岩体发生破裂,位移不连续,形成破裂区。结合断裂力学知识,确定破裂区岩体的残余强度和产生破裂区的时间,进而确定破裂区和非破裂区的宽度和数量。数值分析结果表明,巷道分区破裂化的产生与开挖速度和岩石强度有关。该研究可为深部岩体的开挖和支护设计提供初步的理论基础。

李树忱等认为地下工程开挖过程中,在围岩中会产生拉压交替变化区,当地应力过大时,会产生分区破裂化现象。为了解释围岩拉压交替变化和分区破裂化现象,根据隧道开挖卸荷这一动力学特征,建立隧道开挖过程的动态分析力学模型和计算模式,由此导出由开挖卸荷引起的扰动应力、扰动应变和扰动位移满足的平衡方程、物理方程、几何方程和边界条件。根据实际的位移约束条件,假设位移势函数,利用 Hamilton 时域变分原理,考虑时域变分条件和约束变分条件导出围岩的积分-变分方程组,建立该方程组的模态矩阵。在给定开挖卸荷路径和零初始条件下采用 Duhamel 积分,得到离散振动方程组的稳态响应。通过矩阵变换,得到隧道围岩扰动应力、应变和位移的解答函数式。算例分析表明,所给出的理论和方法能正确地反映隧道开挖引起围岩变形的动态过程,并能有效地对开挖引起的围岩破坏形态进行评价。

1.2.3 跨采动压巷道围岩变形控制技术

1.2.3.1 围岩加固法

无论何种巷道支护理论,巷道支护最终都将加固围岩,加固手段又分为主动支护和被动支护两大类。主动支护主要采用锚梁网索支护、注浆、锚注等手段;被动支护主要是金属架棚支护。

与支护理论相比,跨采动压巷道围岩稳定性控制技术的研究进展较快,近年来国内外学者提出多种围岩控制方法和技术,并取得了明显效果。

对受构造和动压影响的复杂软岩巷道,冯振山、陆士良等提出高阻力的 U 型钢可缩性支架和低阻力端锚和高阻力全锚锚杆具有较好的维护效果。秦练等通过对大雁二矿巷道变形破坏研究,认为软岩成分、水和变形破坏的力学因素是导致巷道变形的原因,提出了先治水再进行二次支护,并对围岩进行卸压保护的防治措施。

王连国、李海亮、吴宇等在分析深部高应力极软岩巷道国内外支护现状的基础上,针对其破坏特点,提出以内注浆锚杆为核心的锚注支护体系,来解决深部高应力极软岩巷道支护的难题,而且通过现场实践证明,锚注支护较好地保持了深部高应力极软岩巷道的稳定性,且还能提高施工速度。

陈炎光等概括地叙述了巷道控制技术的主要发展过程、取得的成果和科研课题研究的概念,系统介绍了不同围岩性质和开采条件下的巷道,在开挖成巷后围岩应力变化规律及围岩变形规律,以及就影响巷道围岩应力分布规律的因素作了详细的叙述,并且总结了采场和巷道的矿压显现规律,提出一系列巷道围岩控制方法。

1.2.3.2 卸压法

卸压法是跨采动压巷道围岩稳定性控制的一种主要方法。卸压法作为一种治理高应力巷道的措施有其明显的优点。它与加固法控制跨采动压巷道围岩不同,主要是通过切缝等方法使原来连续的岩体处于不连续状态,使巷道处于应力降低区,从而减少巷道围岩的变形量。国内外使用的卸压法包括切缝法、打孔法、松动爆破法及卸压煤柱法等。

(1) 切缝法。

切缝法包括顶底板切缝法和两帮切缝法。切缝可使应力向围岩深部转移,卸压效果主要取决于切缝深度、宽度、形状及切缝与掘巷时间间隙等。

(2) 打孔法。

打孔法包括底板打孔法和两帮打孔法,其卸压机理与切缝法相似。

(3) 松动爆破法。

在巷道底板或两帮进行松动爆破后,出现众多人为裂隙,浅部围岩与深部岩体脱离,使原来处于高应力区的围岩卸载,将应力转移至深部围岩。

(4) 卸压煤柱法。

在回采巷道中运用卸压煤柱法可取得一定的控制应力的效果。当工作面一侧的巷道没有卸压煤柱时,由于煤体受集中应力的作用,不仅使煤体严重向巷道内移进,而且使底板承受过大的压力而产生底鼓。此时卸压煤柱的作用是传递压力而不是承受压力,卸压煤柱破碎后,可将作用在其上的应力转移到较远的煤体上,从而减少巷道变形量。

徐学锋等认为巷道底板水平应力是导致底板冲击矿压发生的主要因素,根据巷道底板冲击矿压的特点,建立了底板冲击矿压发生条件与影响因素的力学模型,初步确定了底板冲击矿压危险性系数的表达式。当底板岩层泊松比一定时,底板冲击矿压危险性系数与巷道埋深、巷道宽度的平方、水平构造应力、巨厚坚硬基本顶影响系数成正比,与弹性模量、巷道底板软弱层厚度的平方成反比。通过数值模拟得出巷道开挖后底板煤层的水平应力升高和垂直应力降低的规律,底板应力极易达到煤层破坏极限,在支护不当和外界扰动下容易发生底板冲击矿压。最后确定了底板强度弱化减冲原理,在跃进煤矿 25110 工作面下巷采取底板爆破卸压措施后取得了良好效果。

王书兵等通过分析钻孔围岩变形破坏机理,得出最终钻孔成孔半径的表达式,并在此基础上通过数值模拟软件 ANSYS 对相同钻孔密度下不同布置方式的卸压效果进行模拟,从水平应力与垂直应力方面进行效果评价分析,通过 5 个指标综合评价,最终确定了在既定地质条件下最优的钻孔布置方案。

冉玉江等针对靖远煤业公司红会四矿一运输巷的底鼓剧烈情况,先采用底板爆破卸压的方案对运输巷进行卸压,然后再对底板采用锚注支护,卸压为锚注提供了注浆的裂隙,而浆液又极好地凝结了底板,提高了底板围岩的整体性,底鼓治理效果良好。

通过上述对采动支承压力传播规律及底板巷道受采动影响研究现状的分析可以看出,围绕巷道围岩变形破坏与控制问题,国内外学者进行了广泛的研究,从围岩的物理力学性质到变形破坏机理,从支护结构到控制方法,从理论分析、数值模拟到工程应用,从单一学科到多学科交叉应用等。这些研究工作使巷道围岩控制效果不断得到改善。

从目前的研究情况来讲,底板巷道的控制技术主要根据巷道的围岩状况及煤柱上支承压力分布来分析开采对底板岩层及巷道稳定性的影响,进而确定巷道的支护参数。一方面,已有的研究成果没有考虑工作面开采过程中底板巷道围岩力学演化及对巷道稳定性的影响是一个复杂的空间力学问题,不能单纯地根据支承压力的分布形态来考虑,而应将其与受开采影响的围岩作为相互作用的整体来研究;另一方面,对经受多重采动影响的巷道支护等一系列问题还缺乏认识,因而通常采用一次加强支护,不能适应动压巷道围岩控制要求。

1.3 研究内容

关于巷道围岩破坏机理及控制技术的研究,国内外专家学者已做了大量的卓有成效的工作,尤其是在巷道支护方面,提出很多行之有效的支护方法。本书拟采用物理试验、理论分析、数值模拟与现场实测相结合的方法,研究采场底板应力传播规律及其对底板巷道稳定性的影响。本书研究内容如下。

1.3.1 采动支承压力在底板中的传播规律研究

(1)利用弹性力学半无限体理论,建立上覆煤层工作面采动时底板应力分布的力学模型,得出采场底板应力分布规律及应力传播规律。

(2)建立工作面回采的三维数值计算模型,分析工作面采动时底板不同埋深处的应力变化规律。

1.3.2 跨采动压影响下底板巷道围岩稳定性分析

(1)跨采动压巷道的变形破坏机理比一般普通静压巷道更为复杂,须从理论上深入分析跨采时巷道围岩的塑性区、破碎区宽度以及支护阻力与应力增高系数的关系,揭示跨采动压巷道在采动支承压力作用下的围岩变形破坏规律。

(2)建立跨采动压巷道的三维数值计算模型,分析多重采动影响时底板巷道的围岩破坏演化规律。

（3）进行跨采动压巷道的物理相似模拟试验，研究工作面回采时底板巷道的应力变化及变形破坏规律。

1.3.3　跨采动压影响下底板巷道围岩控制技术研究

（1）优化巷道支护过程。跨采动压巷道的支护是一个多阶段的过程，须进行多次支护，每次支护时间和支护阻力的确定必须符合围岩的力学特性和应力环境。

（2）加强支护跨采动压巷道软弱部位。当跨采动压巷道某一部位失稳时，会引起整个巷道的连环失稳，须找出巷道的薄弱点加强控制。

（3）注浆加固破碎区围岩。注浆能提高围岩裂隙面的刚度和强度，降低围岩的孔隙率，提高破碎围岩的整体性和强度，保持围岩稳定。

1.3.4　工程实践

淮北矿业（集团）有限责任公司海孜煤矿 86 采区轨道上山受到上覆 7 煤和 9 煤的多次采动影响，为典型的跨采动压巷道。本书拟在上述研究的基础上提出巷道围岩控制技术，并进行工业性试验，在实践中进一步检验理论分析和模拟结论的可靠性。

主要创新点如下：

（1）基于弹性力学半无限体理论，采用附加应力计算方法建立了采场底板应力分布的力学模型及采动支承压力传播的力学模型，分析了工作面回采过程中底板采动应力分布及传播规律，得到工作面回采过程中支承压力诱导的底板下某一固定点的应力变化规律。

（2）考虑底板采动应力与巷道围岩应力的耦合及岩石应力-应变软化特性，建立了跨采动压巷道的弹塑性力学模型，分析了上覆不同煤层工作面开采时巷道围岩的应力分布规律及巷道围岩变形特征，讨论了支护阻力与跨采动压巷道围岩变形之间的关系，给出巷道应力及变形随工作面回采时的表达式。

（3）借助数值模拟与相似材料模拟方法，分析了跨采动压巷道在煤层群采动时的稳定性特征，得到巷道围岩应力、塑性区范围及变形规律等随不同的煤层群开采顺序、巷道与上方工作面不同垂直距离和水平距离的变化规律。研究表明：自上而下的煤层群开采顺序更有利于底板巷道围岩的控制；巷道与上方工作面水平距离和垂直距离越小时，受到的采动影响越大；巷道靠近工作面一侧拱腰处最先进入破坏状态，且破坏范围最大，是重点的围岩控制区域。

　　(4) 运用数值模拟与相似材料模拟法研究了不同支护强度对跨采动压巷道围岩的控制作用,揭示了跨采动压巷道围岩的变形破坏特征,据此提出"分阶段"支护理念,即根据上覆煤层不同的开采顺序,选用不同的支护方案。

　　(5) 针对淮北矿业(集团)有限责任公司海孜煤矿跨采动压巷道支护存在的问题,提出以注浆锚杆为核心的分阶段支护方案,通过现场长时间观测表明,该支护方案有效控制了巷道围岩的剧烈变形,保持了巷道围岩的稳定,巷道安全性大大提高。

2 采动支承压力在底板中的传播规律研究

在煤层开采前,煤层周围的岩体处于原始应力平衡状态。而在煤层开采后,处于自然平衡状态的应力遭到破坏,应力重新分布,开采区域的周围出现应力变化区,在该区域内会有一定的应力集中现象,尤其开采煤层周边的应力集中程度最大。煤层底板岩体中的应力状态也经历一系列的变化过程。煤层开采过程中,采场周围的岩体应力分布发生变化,围岩应力的动态变化导致采场围岩出现应力集中区与降低区,从而引起采场附近的底板巷道围岩应力再分布以及发生不同程度的变形。

2.1 采场底板应力分布规律研究

采煤工作面回采后形成采空区,其上覆岩层重力将向采空区周围煤岩体上转移,从而在采空区四周形成支承压力带,分别为超前支承压力、固定支承压力和采空区支承压力。采煤工作面前方形成超前支承压力,它随着工作面的推进而向前移动,在采煤工作面前方煤体顶板和底板范围内形成一定程度的应力升高区和应力降低区。支承压力的显现特征通常用支承压力分布范围、分布形式和应力峰值来表示,如图2-1所示。

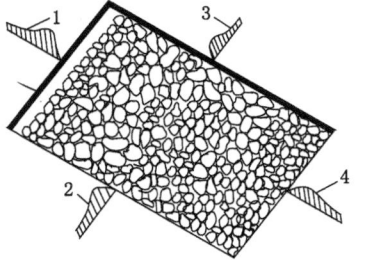

图 2-1 采空区应力重新分布概况

1——工作面前方超前支承压力;2,3——工作面两侧固定支承压力;

4——工作面后方采空区支承压力

2.1.1 沿工作面推进方向的底板应力分布规律分析

德国学者雅可毕将底板岩体视为均质的弹性体,对煤柱和煤体下方底板岩层内的应力分布进行了模拟计算。本节以应力增量的形式对沿工作面推进方向的底板采动应力分布进行理论计算。

由图 2-1 可以得出沿工作面推进方向的煤岩体支承压力分布图,如图 2-2 所示。

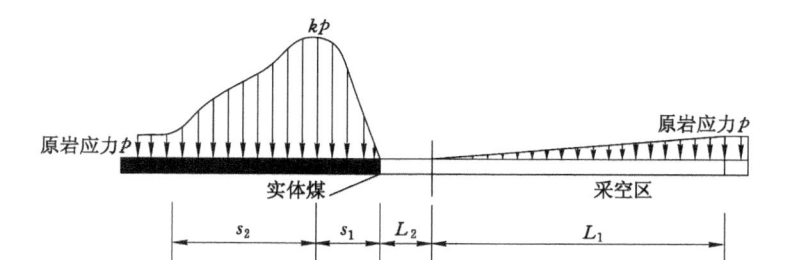

图 2-2 工作面前后支承压力分布图

p——垂直原岩应力,其值为 γH;k——应力集中系数;L_2——原岩应力为零的采空区长度;
L_1——采空区内残余支承压力直至恢复至原岩应力的长度;s_1——工作面煤壁至支承压力
峰值之间的长度;s_2——超前支承压力峰值与回落至原岩应力区之间的长度

采煤工作面的超前支承压力不仅会在前方煤体上应力集中,而且还会向工作面底板深部传递,在底板岩层一定深度内应力重新分布,成为影响底板巷道布置和维护的重要因素。我们将煤体以及采空区内的应力变化以增量的形式表示出来:

$$\Delta\sigma_y = \sigma_{上覆岩层} - \sigma_{原岩应力} \tag{2-1}$$

然后利用式(2-1),将图 2-2 中所示应力减去原岩应力,就可以得出煤体侧应力增量的分布规律,其应力增量的最大值为 $(k-1)p$,采空区内的应力增量为 $-p$。为了计算方便,我们将煤体侧的应力增量分布近似为三角形,由此可以得出采空区与工作面煤体的支承压力增量分布规律,如图 2-3 所示。

上部煤层开采后,为了计算方便,可以将煤层的底板岩层看作一个半无限体。无论是沿采煤工作面推进方向还是沿煤柱宽度方向取一竖直剖面,取 1 m 厚地层为研究对象,均可按平面应变问题处理:假设底板是均质弹性的,建立计算底板应力分布的数值计算模型,如图 2-4 所示。

由图 2-4 所示,垂直应力表达式为:$p(\xi) = a\xi + b$。

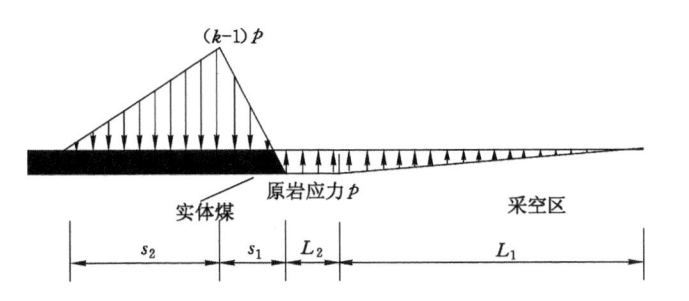

图 2-3 工作面前后附加应力分布图

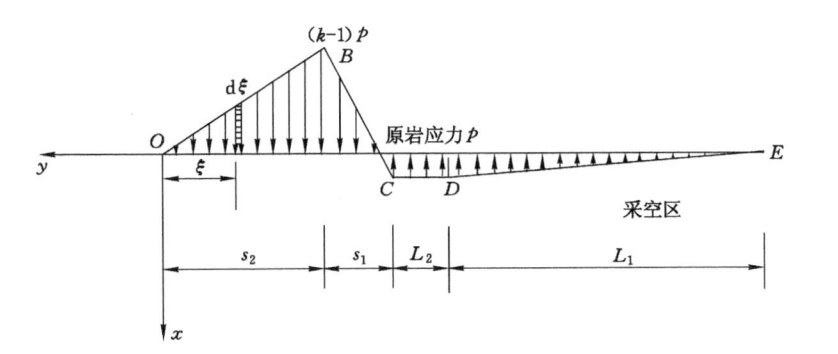

图 2-4 简化后的工作面前后附加应力分布图

由力的平衡原理得,应力增量必须满足 $pL_2 + \dfrac{L_1}{2}p = (s_1 + s_2) \cdot \dfrac{(k-1)}{2}p$ 才能平衡,得出:

$$s_1 + s_2 = \frac{2L_2 + L_1}{k-1} \tag{2-2}$$

取半平面体内一点 M,为了求出工作面推进时点 M 处的应力,取坐标轴如图 2-4 所示,设 M 点的坐标为 (x, y)。在 Oy 所在的直线上距坐标原点 O 为 ξ 处,取微小长度 $d\xi$,将其上所受的力 $dp = pd\xi$ 看作一个微小集中力,M 点与微小集中力 dp 的铅直和水平距离分别为 x 和 $y - \xi$,对于这个微小集中力可以应用如下公式:

$$\begin{cases} d\sigma_x = -\dfrac{2pd\xi}{\pi} \dfrac{x^3}{[x^2 + (y-\xi)^2]^2} \\[3mm] d\sigma_y = -\dfrac{2pd\xi}{\pi} \dfrac{x(y-\xi)^2}{[x^2 + (y-\xi)^2]^2} \\[3mm] d\tau_{xy} = -\dfrac{2pd\xi}{\pi} \dfrac{x^2(y-\xi)}{[x^2 + (y-\xi)^2]^2} \end{cases} \tag{2-3}$$

可以计算出式(2-3)中 3 个式子的积分：

$$\begin{cases} \sigma_x = -\dfrac{2}{\pi} \int_{y_1}^{y_2} \dfrac{p(\xi)x^3 \, \mathrm{d}\xi}{[x^2+(y-\xi)^2]^2} \\[3mm] \sigma_y = -\dfrac{2}{\pi} \int_{y_1}^{y_2} \dfrac{p(\xi)x(y-\xi)^2 \, \mathrm{d}\xi}{[x^2+(y-\xi)^2]^2} \\[3mm] \tau_{xy} = -\dfrac{2}{\pi} \int_{y_1}^{y_2} \dfrac{p(\xi)x^2(y-\xi) \, \mathrm{d}\xi}{[x^2+(y-\xi)^2]^2} \end{cases} \tag{2-4}$$

将图 2-4 所示的法向应力分为 OB、BC、CD、DE 等 4 个区段，为了方便计算，设原岩应力 γH 为无量纲单位 1；由淮北矿业（集团）有限责任公司海孜煤矿 86 采区 762 工作面的地质条件和推进时所测的矿山压力显现规律可得：s_1 为 10 m，s_2 为 30 m，应力集中系数 k 为 2.5，L_2 为 10 m，工作面与坐标原点的距离为 40 m。利用数学分析软件 MathCAD 首先对 OB 区段进行求解，$y_1=-30$，$y_2=0$，设：

$$p(\xi)=a_1\xi+b_1=-0.05\xi \tag{2-5}$$

将式(2-5)代入式(2-4)中可得：

$$\sigma_{x1}(y)=-\frac{2}{\pi}\int_{-30}^{0}\frac{-0.05\xi x^3}{[x^2+(y-\xi)^2]^2}\mathrm{d}\xi=-0.015\,9[x+y\mathrm{arctan}(xy)]+0.015\,9 \cdot$$
$$\left[\frac{30xy+x^3+xy^2+y\mathrm{arctan}(30+y)x+y^3V_1+60y^2V_1+900yV_1}{V_2}\right] \tag{2-6}$$

$$\sigma_{y1}(y)=0.015\,9x[1+\ln(x^2+y^2)]-0.015\,9y\mathrm{arctan}\left(\frac{y}{x}\right)-0.015\,9 \cdot$$
$$\left[\frac{30xy+x^3+xy^2-y\mathrm{arctan}(30+y)x-y^3V_1-60y^2V_1}{V_2}+\right.$$
$$\left.\frac{-900yV_1+x^3\ln V_2+x^2\ln V_2y^2+60x\ln V_2y+900x\ln V_2}{V_2}\right]$$
$$\tag{2-7}$$

$$\tau_1(y)=0.015\,9x\mathrm{arctan}\left(\frac{y}{x}\right)-0.015\,9x \cdot$$
$$\left[\frac{-30x+\mathrm{arctan}(30-y)x+y^2V_1+60yV_1+900V_1}{V_2}\right] \tag{2-8}$$

式中：

$$V_1=\mathrm{arctan}\left(\frac{30+y}{x}\right),\ V_2=x^2+y^2+60y+900$$

然后分别对 BC、CD、DE 段求解，则可以得出沿工作面推进方向支承压力的应力增量在底板中的应力分布规律，如图 2-5 所示。

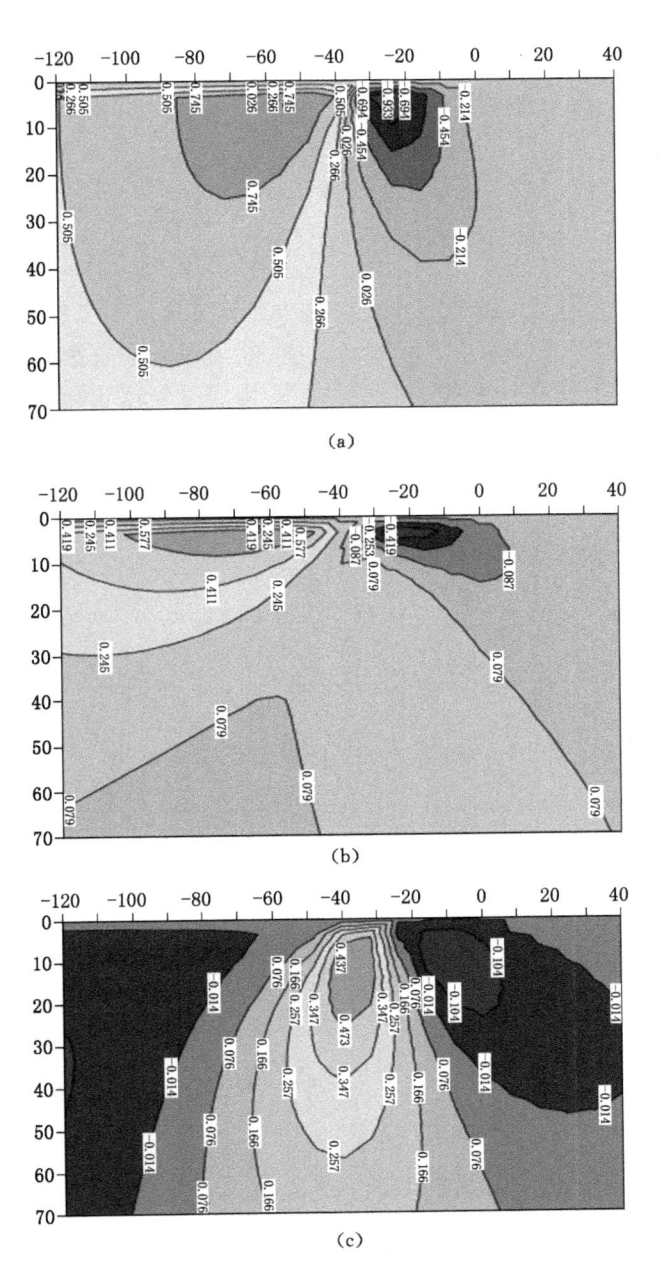

图 2-5　工作面前后的底板应力增量云图

（a）垂直应力增量云图；（b）水平应力增量云图；（c）剪应力增量云图

注：横轴坐标−40 m 代表工作面所在位置，纵轴坐标代表煤层底板下深度。

由图 2-5(a)可知,某点的垂直应力 $\sigma = 1 - \sigma_x$,工作面后方 80 m 内的采空区下方为应力降低区,其中工作面后方 10 m 范围内底板 0~5 m 深处垂直应力接近 0;随着距煤层底板深度的增加,垂直应力也呈曲线趋势增加,采空区下方 25 m 范围内的垂直应力为其原岩应力的 1/4;在工作面煤壁前方 5~15 m 范围内的底板岩层内,3~5 m、10 m、15 m、20 m 深处应力集中系数分别约为 1.933、1.8、1.7、1.5。可见,由上方工作面采动引起的垂直应力峰值随着埋深的增加逐渐远离工作面,且应力集中系数随着埋深的增加亦逐渐递减。在工作面煤壁前方底板岩层内 50 m 范围内会形成应力增高区,而采空区下方底板浅部岩层形成应力降低区。随工作面推进,底板岩层垂直应力会急剧增加而后急剧卸压,在铅直方向产生压缩和膨胀。

由图 2-5(b)可知,沿工作面推进方向工作面后方采空区底板浅部水平应力也呈卸压状态,工作面煤壁前方 10~20 m 范围内的煤层底板 0~10 m 深处水平应力集中系数为 1.419,底板 20 m 深处应力集中系数为 1.087,其应力集中程度远小于沿工作面推进方向煤体下的垂直应力集中程度。可见,在底板中由上方工作面采动引起的水平应力对底板巷道围岩稳定性的影响很小,因此本书后面章节所说的底板采动应力主要是指由上方工作面采动在底板中产生的垂直应力。

由图 2-5(c)可知,沿工作面推进方向靠近工作面的采空区下方以及工作面煤壁前方的底板内出现剪应力,剪应力最大值为原岩垂直应力的 43.7%,且剪应力等值线呈气泡形分布,向采空区下方倾斜,剪应力会极大地削弱岩层的强度,引起底板破坏。

2.1.2 工作面侧向底板应力分布规律分析

由图 2-1 可知,当工作面自开切眼推进一段距离时,由于基本顶岩块的失稳,工作面两侧煤柱都将受到支承压力的影响,我们将应力变化以增量的形式表示出来,见式(2-1)。

根据工作面固定支承压力分布规律(图 2-1 中 2、3 所示),设煤体侧最大应力集中系数为 k,采空区内压力为 0,可以得出工作面侧向固定支承压力分布规律,如图 2-6 所示。

利用式(2-1),将图 2-6 中所示的应力减去原岩应力,可以得出煤体侧的应力增量最大值为 $(k-1)p$,采空区内的应力增量为 $-p$。为了计算方便,我们将工作面侧的应力增量分布近似为三角形,由此可以得出工作面侧向应力增量分布规律,如图 2-7 所示。

在工作面推进过程中,沿工作面推进方向取剖面,为了分析方便,将煤层底

采场底板应力传播规律及其对底板巷道稳定性影响研究

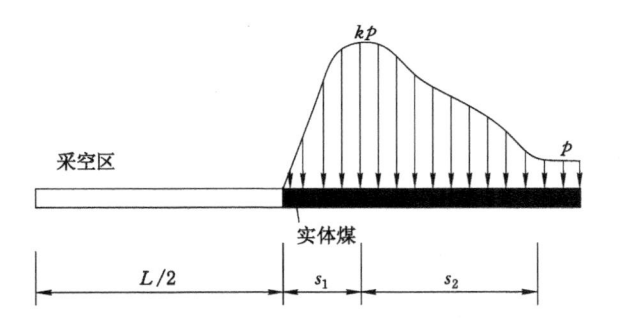

图 2-6　工作面侧向固定支承压力分布图

p——垂直原岩应力,其值为 γH;L——采空区长度;

s_1——煤壁与支承压力峰值之间的长度;s_2——支承压力峰值与回落至原岩应力区之间的长度

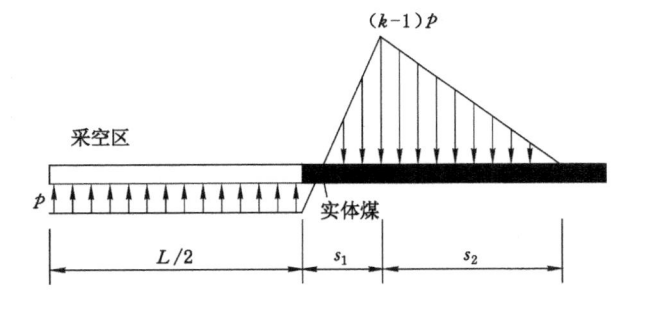

图 2-7　工作面侧向应力增量分布图

板岩层假设成一个半无限体。按平面应变问题处理,将上覆岩层的重力视为法向应力作用在采空区周边的煤体上,如图 2-8 所示。

由图 2-8 所示,纵向应力表达式为:$p(\xi)＝a\xi＋b$。

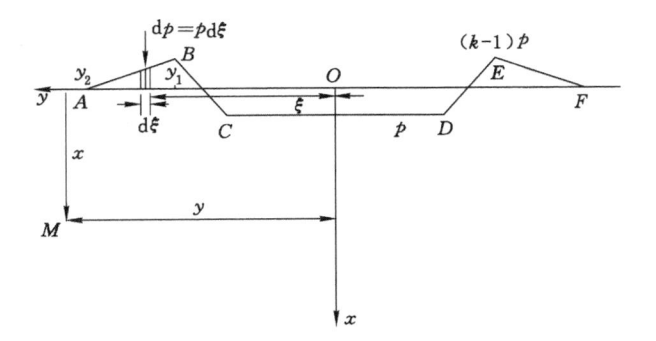

图 2-8　简化后的采空区周边应力分布

由力的平衡定理得,应力增量必须满足 $\dfrac{L}{2}p = (s_1 + s_2)\dfrac{(k-1)}{2}p$ 才能平衡,得出:

$$s_1 + s_2 = \frac{L}{k-1} \tag{2-9}$$

取半平面体内一点 M,为了求出点 M 处的应力,取坐标轴如图 2-8 所示,设 M 点的坐标为 (x,y)。在 Oy 所在的直线上距坐标原点 O 为 ξ 处,取微小长度 $\mathrm{d}\xi$,将其上所受的力 $\mathrm{d}p = p\mathrm{d}\xi$ 看作一个微小集中力。对于这个微小集中力可以应用如下公式:

$$
\begin{cases}
\mathrm{d}\sigma_{1x} = -\dfrac{2p\mathrm{d}\xi}{\pi}\dfrac{x^3}{[x^2 + (y-\xi)^2]^2} \\[3mm]
\mathrm{d}\sigma_{1y} = -\dfrac{2p\mathrm{d}\xi}{\pi}\dfrac{x(y-\xi)^2}{[x^2 + (y-\xi)^2]^2} \\[3mm]
\mathrm{d}\tau_{1xy} = -\dfrac{2p\mathrm{d}\xi}{\pi}\dfrac{x^2(y-\xi)}{[x^2 + (y-\xi)^2]^2}
\end{cases}
\tag{2-10}
$$

由此可以计算出式(2-10)中 3 个式子的积分:

$$
\begin{cases}
\sigma_{1x} = -\dfrac{2}{\pi}\displaystyle\int_{y_1}^{y_2}\dfrac{p(\xi)x^3\mathrm{d}\xi}{[x^2 + (y-\xi)^2]^2} \\[4mm]
\sigma_{1y} = -\dfrac{2}{\pi}\displaystyle\int_{y_1}^{y_2}\dfrac{p(\xi)x(y-\xi)^2\mathrm{d}\xi}{[x^2 + (y-\xi)^2]^2} \\[4mm]
\tau_{1xy} = -\dfrac{2}{\pi}\displaystyle\int_{y_1}^{y_2}\dfrac{p(\xi)x^2(y-\xi)\mathrm{d}\xi}{[x^2 + (y-\xi)^2]^2}
\end{cases}
\tag{2-11}
$$

将图 2-8 所示的法向应力分为 AB、BC、CD、DE、EF 等 5 个区段,为了方便计算,设原岩应力 γH 为无量纲单位 1;由 762 工作面工程地质条件和推进时的矿压显现规律可得:L 为 60 m,s_1 为 4 m,s_2 为 11 m,应力集中系数 k 为 2.5。利用数学分析软件 MathCAD 首先对 AB 区段进行求解,$y_1 = 34$,$y_2 = 45$,由式 $q(\xi) = a_1\xi + b_1$,可以求得 $a_1 = -0.364$,$b_1 = 16.364$,从而可以得出:

$$
\begin{cases}
\sigma_{1x} = -\dfrac{2}{\pi}\displaystyle\int_{34}^{45}\dfrac{p(\xi)x^3\mathrm{d}\xi}{[x^2 + (y-\xi)^2]^2} \\[4mm]
\sigma_{1y} = -\dfrac{2}{\pi}\displaystyle\int_{34}^{45}\dfrac{p(\xi)x(y-\xi)^2\mathrm{d}\xi}{[x^2 + (y-\xi)^2]^2} \\[4mm]
\tau_{1xy} = -\dfrac{2}{\pi}\displaystyle\int_{34}^{45}\dfrac{p(\xi)x^2(y-\xi)\mathrm{d}\xi}{[x^2 + (y-\xi)^2]^2}
\end{cases}
\tag{2-12}
$$

按照 2.1.1 节的解法,依次可以求得剩下 4 个区段的解,并将求得的结果进行叠加,可以得出底板的应力增量分布规律,并根据求得的结果绘出分布图(图 2-9)。

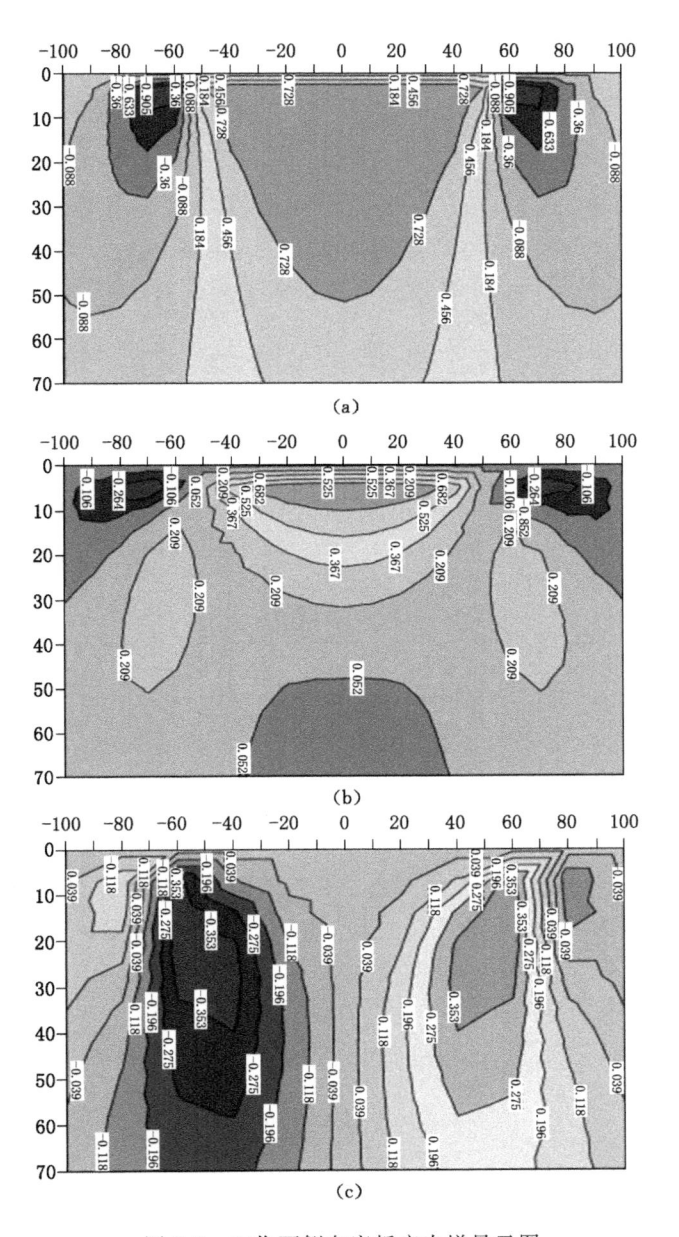

图 2-9 工作面侧向底板应力增量云图

(a) 垂直应力增量云图;(b) 水平应力增量云图;(c) 剪应力增量云图

注:横轴坐标−50～50 m 范围内为工作面采空区,两侧为侧向煤柱;纵轴坐标表示底板深度。

由 2-9(a)可知,某点的垂直应力 $\sigma = 1 - \sigma_x$,采空区下方为应力降低区,煤层底板处垂直应力接近 0,随着距煤层底板深度的增加,垂直应力也呈曲线趋势增加;在工作面侧向 5～15 m 范围内的底板岩层内,0～10 m、15 m、30 m 深处应力集中系数分别约为 1.905、1.633、1.36。

由图 2-9(b)可知,工作面采空区底板浅部水平应力也呈卸压状态,工作面侧向煤体前方 20 m 附近底板 0～10 m 深处水平应力集中系数为 1.264,底板 13 m 深处应力集中系数为 1.106。

由图 2-9(c)可知,靠近工作面平巷的采空区及侧向煤柱下的底板内出现剪应力,尤其是工作面侧向煤柱下底板剪应力,最大值为原岩垂直应力的 35.3%,剪应力等值线呈气泡形分布。

2.2　采动支承压力在底板中的传播规律研究

一般工作面采动时,超前支承压力与采空区支承压力是随着工作面的移动而移动的,保持图 2-2 不变,我们设 M 点为定点,M 点的初始坐标为 (m,n),如图 2-10 所示。

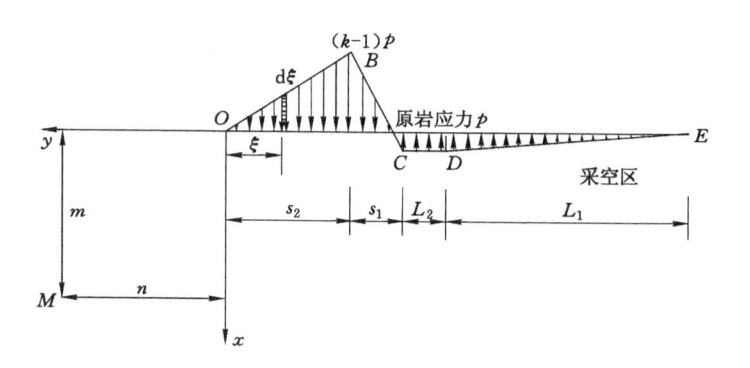

图 2-10　采动支承压力分布状态

应力增量在 M 点引起的应力为:

$$\begin{cases} \sigma_x = -\dfrac{2}{\pi} \displaystyle\int_{y_1}^{y_2} \dfrac{p(\xi) m^3 \, \mathrm{d}\xi}{\left[m^2 + (n-\xi)^2 \right]^2} \\[2mm] \sigma_y = -\dfrac{2}{\pi} \displaystyle\int_{y_1}^{y_2} \dfrac{p(\xi) m (n-\xi)^2 \, \mathrm{d}\xi}{\left[m^2 + (n-\xi)^2 \right]^2} \\[2mm] \tau_{xy} = -\dfrac{2}{\pi} \displaystyle\int_{y_1}^{y_2} \dfrac{p(\xi) m^2 (n-\xi) \, \mathrm{d}\xi}{\left[m^2 + (n-\xi)^2 \right]^2} \end{cases} \tag{2-13}$$

工作面前后的支承压力是随着工作面的推进而移动的，为了计算方便，假定工作面支承压力分布形式以及大小是不变的，与 x 轴的相对位置也不变，随工作面的推进支承压力与 x 轴相当于沿着 y 轴水平移动。假设工作面沿着 y 轴正向移动了距离 y，这时候在新坐标系下 M 点的坐标为 $(m-y,n)$，则式(2-13)变换为：

$$\begin{cases} \sigma_x = -\dfrac{2}{\pi} \displaystyle\int_{y_1}^{y_2} \dfrac{p(\xi)m^3 \mathrm{d}\xi}{[m^2+(n-y-\xi)^2]^2} \\[3mm] \sigma_y = -\dfrac{2}{\pi} \displaystyle\int_{y_1}^{y_2} \dfrac{p(\xi)m\,(n-y-\xi)^2 \mathrm{d}\xi}{[m^2+(n-y-\xi)^2]^2} \\[3mm] \tau_{xy} = -\dfrac{2}{\pi} \displaystyle\int_{y_1}^{y_2} \dfrac{p(\xi)m^2\,(n-y-\xi)\mathrm{d}\xi}{[m^2+(n-y-\xi)^2]^2} \end{cases} \tag{2-14}$$

将图 2-10 所示的法向应力分为 OB、BC、CD、DE 等 4 个区段，为了方便计算，设原岩应力 γH 为无量纲单位 1；由淮北矿业(集团)有限责任公司海孜煤矿 86 采区 762 工作面的地质条件和推进时所测的矿山压力显现规律可得：s_1 为 10 m，s_2 为 30 m，应力集中系数 k 为 2.5，L_2 为 10 m，L_1 为 140 m，取 M 点的初始坐标为 $(x,100)$，可以得知工作面与 M 点的距离为 140 m。利用数学分析软件 MathCAD 首先对 OB 区段进行求解，$y_1=-30$，$y_2=0$，设：

$$p(\xi)=a_1\xi+b_1=-0.05\xi \tag{2-15}$$

然后将式(2-15)代入式(2-14)中可得：

$$\sigma_{x1}(x,y) = -\frac{2}{\pi}\int_{-30}^{0} \frac{(a_1\xi+b_1)x^3}{[x^2+(100-y-\xi)^2]^2}\mathrm{d}\xi = 0.015\,9\ \cdot$$

$$\left[-x + \arctan\left(\frac{y^2-100y}{x}\right) + \arctan\left(\frac{y-100}{x}\right) - \frac{13\,000x + \arctan yx^2V_1}{V_2} + \right.$$

$$\frac{42\,900\arctan yV_1 - 360\arctan y^2V + \arctan y^3V}{V_2} +$$

$$\left. \frac{-230xy + x^3 + xy^2 - 100\arctan x^2V_1 - 1.69\times10^6\arctan V_1}{V_2} \right]$$

$$\tag{2-16}$$

$$\sigma_{y1}(x,y) = -\frac{2}{\pi}\int_{-30}^{0} \frac{p(\xi)x\,(100-y-\xi)^2}{[x^2+(100-y-\xi)^2]^2}\mathrm{d}\xi$$

$$= 0.015\,9x[1+\ln(x^2+10\,000-200y+y^2)] + 0.015\,9\arctan\left(\frac{y-100}{x}\right) -$$

$$0.015\,9\left[\frac{13\,000x - \arctan yx^2V_1 - 42\,900\arctan yV_1}{V_2} + \right.$$

$$\frac{360\arctan y^2V_1 - \arctan y^3V_1 - 230xy + x^3\ln V_2}{V_2} +$$

$$\frac{16\,900x\ln V_2 - 260x\ln yV_2 + x\ln y^2V_2 + 100\arctan x^2V_1}{V_2} +$$

$$\frac{1.69 \times 10^6 \arctan V_1}{V_2}\Bigg] \tag{2-17}$$

$$\tau_{xy1}(x,y) = -0.015\ 9x\arctan\left(\frac{y-100}{x}\right) + 0.015\ 9x\cdot$$

$$\left[\frac{30x + \arctan x^2 V_1 + 16\ 900\arctan V_1 - 260\arctan yV_1 + \arctan y^2 V_1}{V_2}\right] \tag{2-18}$$

式中：

$$V_1 = \frac{y-130}{x}, V_2 = x^2 + 16\ 900 - 260y + y^2$$

通过式(2-14)可以依次求得 BC 段、CD 段以及 DE 段的各个应力分量值，然后进行应力叠加，最后可以求出 $\Delta\sigma_x$、$\Delta\sigma_y$、$\Delta\tau_{xy}$ 的值。

$$\begin{cases} \Delta\sigma_x = \sigma_{x1} + \sigma_{x2} + \sigma_{x3} + \sigma_{x4} \\ \Delta\sigma_y = \sigma_{y1} + \sigma_{y2} + \sigma_{y3} + \sigma_{y4} \\ \Delta\tau_{xy} = \tau_{xy1} + \tau_{xy2} + \tau_{xy3} + \tau_{xy4} \end{cases} \tag{2-19}$$

根据以上计算得到的结果，可以计算出从工作面距离 M 点 140 m 至工作面推过 M 点 260 m 后，工作面前后的支承压力增量在 $M(x,100)$ 点所引起的 3 个应力分量值。将 M 点所在的直线 $y=100$ 设为测线，其上取坐标点 $M_1(40,100)$、$M_2(35,100)$、$M_3(30,100)$、$M_4(25,100)$、$M_5(20,100)$、$M_6(15,100)$、$M_7(10,100)$、$M_8(5,100)$，同理代入式(2-13)可以求得这几个点的垂直应力，并绘出垂直应力增量图(图 2-11)。

由图 2-11 可以得知，当工作面由远处推进至 M 点正上方时，根据式(2-1)可以得出采动引起的垂直应力变化规律为：

(1) 底板下 5 m、10 m、15 m、20 m、25 m、30 m、35 m 和 40 m 深处的应力集中系数分别为 2.2、1.93、1.73、1.57、1.45、1.35、1.27、1.22，距离煤层底板深度越深，应力集中系数越小；

(2) 底板下不同深度到达应力峰值时，其所在测线与上方工作面的水平距离是不同的，底板 40 m、35 m、30 m、25 m、20 m、15 m、10 m 和 5 m 深处到达应力峰值的时间分别为工作面与测线水平距离为 28 m、27 m、25 m、23 m、20 m、18 m、16 m 和 13 m 时，说明底板 40 m 深处最先达到应力峰值，即距底板深度越大，越容易达到应力峰值；

(3) 当工作面推进至测线正上方时，底板 5 m、10 m、15 m、20 m、25 m、30 m、35 m 和 40 m 处的垂直应力值分别为原岩应力的 5%、10%、17%、20%、24%、29%、33% 和 37%，各个点所在的位置卸压程度随着埋深的增加而逐渐减弱。

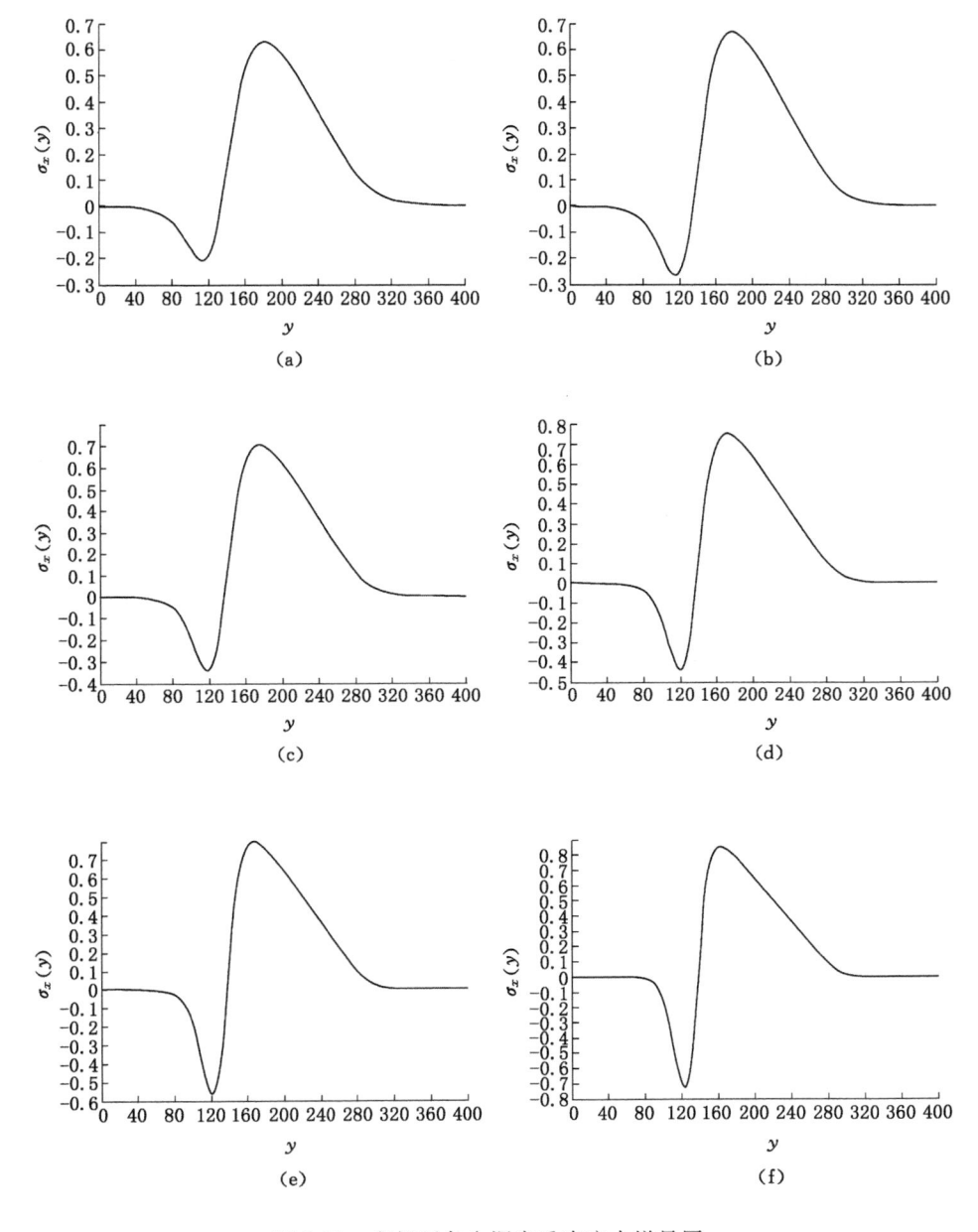

图 2-11　底板下各个深度垂直应力增量图

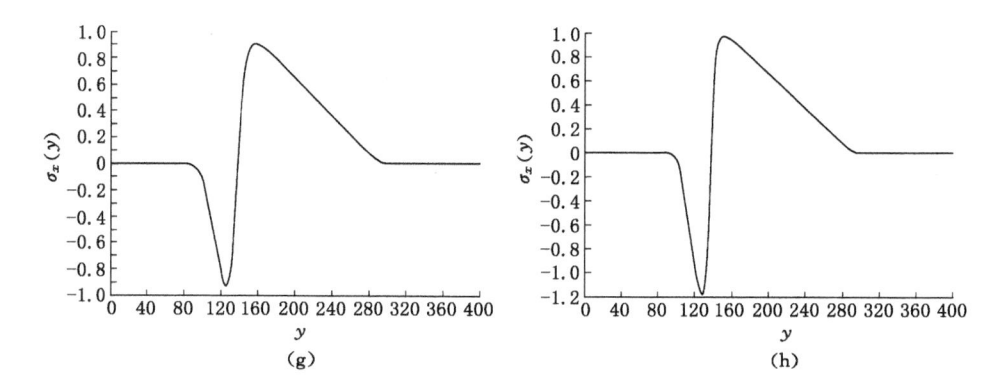

图 2-11 底板下各个深度垂直应力增量图(续)

(a) M_1 点垂直应力增量图;(b) M_2 点垂直应力增量图;(c) M_3 点垂直应力增量图;
(d) M_4 点垂直应力增量图;(e) M_5 点垂直应力增量图;(f) M_6 点垂直应力增量图;
(g) M_7 点垂直应力增量图;(h) M_8 点垂直应力增量图

2.3　本章小结

本章以淮北矿业(集团)有限责任公司海孜煤矿 86 采区 762 工作面为例,建立了采场底板应力传播规律的力学模型,以应力增量的形式分析了开采引起的底板岩层应力重新分布规律,得出 762 工作面推进过程中底板下任一点的附加应力值,并以应力增量的形式讨论了底板下某一定点在 762 工作面推进过程中的应力变化规律,得出以下结论:

(1) 建立了底板采动应力分布规律的力学模型,并计算得出:

① 沿工作面推进方向:工作面前方煤体下底板垂直应力集中,随着埋深的增加,其应力峰值逐渐远离工作面煤壁,且应力集中系数随着埋深的增加而逐渐减小,采空区底板垂直应力呈现卸压状态;

② 沿工作面推进方向:工作面前方煤体下底板水平应力集中,但应力集中程度远小于垂直应力,其对底板巷道围岩稳定性的影响很小;

③ 工作面侧向煤壁前方煤体下底板水平应力集中,但其值小于沿工作面推进方向煤体底板下的水平应力。

(2) 建立了采动应力在底板中传播的力学模型,并计算得出:

① 底板下某点的采动应力集中系数随着埋深的增加而逐渐减小;

② 底板下某点的卸压程度随着埋深的增加而逐渐减弱。

3 采场侧向支承压力在底板中传播规律的数值模拟研究

由于岩石材料结构及力学特性的复杂性,现有岩石力学理论难以对工程问题进行精确求解,有时计算结果与实际情况相差甚远。因此,对支承压力在底板中传播问题的研究仅仅靠理论分析与计算是不够的,还需要借助数值模拟计算、相似材料模拟以及现场实测等研究手段。

数值模拟计算是一种解决采矿与岩土力学问题的有效工具,与理论分析的解析解相结合将使解决问题的方法更为全面。数值模拟计算可以考虑众多的影响因素,进行多方案的快速比较,从而可以节省大量的人力、物力,在参数的选择分析中具有明显的优势,如 FALC^{3D}(快速拉格朗日分析)软件具有强大的前处理和后处理功能,显著地提高了输入和输出结果的可视化程度。

3.1 FLAC^{3D}简介

FLAC^{3D}软件是一种连续介质力学分析软件,其专为岩土工程力学分析而开发,内置丰富的弹塑性材料本构模型和计算模式,分别为:各向同性弹性材料模型、莫尔-库仑弹塑性材料模型、横观各向同性弹性材料模型、应变软化/硬化塑性材料模型、遍布节理材料模型、双屈服塑性材料模型、空单元模型等 7 种本构模型,以及静力、动力、蠕变、渗流、温度等 5 种计算模式。各种模式间可以相互耦合,以模拟各种复杂的工程力学行为,如可以模拟地下巷道的开挖和煤层开采。程序还设有界面单元,用来模拟煤岩体中断层、节理和摩擦边界的滑动、张开和闭合行为。梁单元、桩单元、壳单元、锚单元可以模拟岩土边坡工程或者采矿工程中衬砌、锚杆、可缩性支架等支护结构与围岩的相互作用关系,使支护单元与围岩的耦合关系直观地体现在后处理图上。另外,在 FLAC^{3D}中还可以根据自己的特殊需要,进行一些本构模型的二次开发,开发的模型基本上可以分为两类:一类是在国内广泛应用而在 FLAC³ᴰ软件中并未提供的模型,如南京水利科学研究院的弹塑性模型;另一类是新近开发的模型,主要是将自己开发的材料本构模型进行自编程来应用 FLAC³ᴰ本构模型,完成这些本构模型的二次开发应用。

FLAC³ᴰ采用拉格朗日连续介质法,其计算步骤如下:

(1) 导数的有限差分近似。

FLAC³ᴰ的计算均在四面体上进行,现在以一个四面体的计算过程来说明计算时导数的有限差分计算过程。如一个四面体,将其节点的编号设为第 1、2、3、4 号,第 n 个面表示与四面体节点第 n 点相对应的面,设其内任一点的速率为 v_i,则根据高斯公式可以得出如下公式:

$$\int_V v_{i,j} \mathrm{d}V = \int_S v_i n_j \mathrm{d}S \tag{3-1}$$

式中,V 表示四面体的体积,S 表示四面体的表面积,n_j 表示四面体每个面的单位法向向量分量。对于一般的常应变单元,v_i 应为线性分布的,n_j 在四面体每个面上都为常量,据此可以计算出:

$$v_{i,j} = -\frac{1}{3V} \sum_{l=1}^{4} v_i^l n_j^{(l)} S^{(l)} \tag{3-2}$$

(2) FLAC³ᴰ运动方程。

FLAC³ᴰ以节点为计算对象,将力和质量均集中在节点上,然后通过运动方程在时域内进行计算,节点的运动计算方程可表示为如下形式:

$$\frac{\partial v_i^l}{\partial t} = \frac{F_i^l(t)}{m^l} \tag{3-3}$$

式中:$F_i^l(t)$ 的含义为在 t 时刻 l 节点在 i 方向的不平衡力分量,这个分量可以由虚功原理来推导计算;m^l 为 l 节点的集中质量。对于静态问题,采用虚拟质量以保证数值稳定;而对于动态问题,则采用实际的集中质量。将式(3-3)左端用中心差分来近似,则可得:

$$v_i^l\left(t + \frac{\Delta t}{2}\right) = v_i^l\left(t - \frac{\Delta t}{2}\right) + \frac{F_i^l(t)}{m^l} \Delta t \tag{3-4}$$

(3) 计算中的节点的不平衡力。

FALC³ᴰ可由速率来求某一时步的单元应变增量,如下式:

$$\Delta e_{ij} = \frac{1}{2}(v_{i,j} + v_{j,i}) \Delta t \tag{3-5}$$

有了应变增量,则可由本构方程求出此节点的应力分量,然后将各时步的应力增量增加即可得到总应力。

(4) FLAC³ᴰ在模拟计算静态问题时,在式(3-5)中的节点不平衡力中加入了非黏性阻尼,以使系统的运动速度逐渐减小直至为零,从而使该系统进入平衡

状态,此时式(3-5)变为:

$$\frac{\partial v_i^l}{\partial t} = \frac{F_i^l(t) + f_i^l(t)}{m^l} \tag{3-6}$$

阻尼为:

$$f_i^l(t) = -a \left| F_i^l(t) \right| \mathrm{sign}(v_i^l) \tag{3-7}$$

式中,a 为阻尼系数,其默认值为 0.8。

(5) FLAC[3D]的循环计算过程如图 3-1 所示。

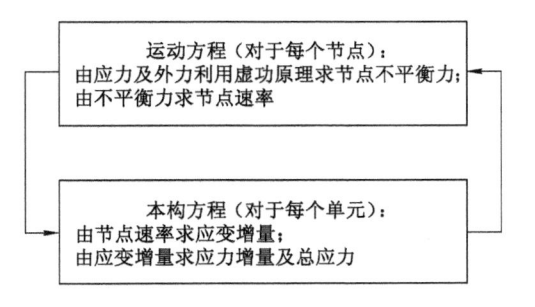

图 3-1　FLAC[3D]计算循环图

3.2　数值模拟计算模型的建立

对工作面推进过程中侧向底板采动应力变化规律进行数值模拟计算,以确定侧向底板采动应力分布规律随采场推进的变化,对研究采场侧向支承压力在底板中的传播规律及确定对底板巷道的影响范围具有一定的指导意义。

建立合理、正确的力学模型是数值模拟计算的首要任务,模型设计的正确与否,是能否获得数值分析准确结果的前提和基础。模型的建立必须突出重点,且在不失真的情况下尽量排除其他工程因素的干扰,选择合适的边界条件以及计算单元,以适应计算机的内存与运算速度。根据这些原则,建立模型如下:

以淮北矿业(集团)有限责任公司海孜煤矿 86 采区工程地质条件为背景,工作面附近的钻孔柱状图如图 3-2 所示。选用摩尔-库仑模型,模型尺寸为长度×宽度×高度=240 m×240 m×122 m,模型的岩性分类及力学参数如表 3-1 所列,计算中模型上边界施加 8.7 MPa 载荷,侧压系数取 1.0;模型周围各边界均为水平位移约束,底部为固定位移约束,三维数值计算模型如图 3-3 所示。

地层	倾角	厚度/m	岩石名称	柱状图(1:200)	岩性描述
二叠系下石盒子组	平均倾角为12°	2.02～4.97	砂岩	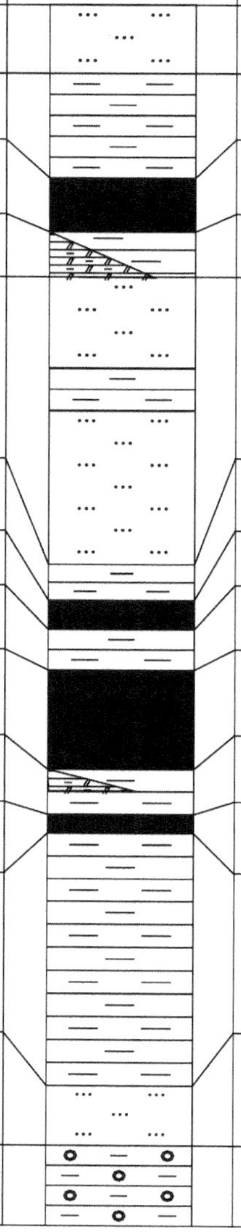	灰至灰白色，滑面发育，细粒结构，致密坚硬，厚层状结构。
		3.29～5.92	泥岩		深黑色，块状含碳质，偶见滑面含植根化石碎片。
		1.74～2.46	7煤		黑色，粉状，暗淡型煤。
		0.77～2.96	泥岩		深黑色，块状含碳质，偶见滑面含植根化石碎片，局部发育碳质泥岩。
		2.65～20.69	砂岩		深灰色，细粒结构，块状，局部位层状，含硅质胶结。层理发育，夹薄层状泥岩条。
		0.00～3.92	泥岩		深黑色，块状含碳质，偶见滑面含植根化石碎片。
		0.77～1.49	8煤		黑色，粉末状，半暗型煤。
		1.31～1.92	泥岩		深灰色，厚层状，泥质结构。
		1.23～5.75	9煤		黑色，粉状，片状，玻璃光泽，半亮型煤。
		0.00～3.75	泥岩		深灰色，厚层状，泥质结构，局部有碳质泥岩。
		0.00～1.75	83煤		黑色，弱玻璃光泽。
		5.55～14.09	泥岩		黑色，块状或粉末状，半亮型煤至暗型煤。
		0.00～6.68	砂岩		浅灰色，厚层状，细粒结构，主要成分为石英、长石、硅质胶结夹粉砂岩。
		1.91～4.63	铝质泥岩		灰白色，性脆，含大量植物化石，含紫斑泥岩。

图 3-2 钻孔柱状图

表 3-1 模型的岩性力学参数

名称	弹性模量 E/GPa	抗压强度 σ_C/MPa	泊松比 μ	容重 γ/(10^{-5} N/mm^3)	摩擦角 φ/(°)
泥岩	8.13	26.13	0.25	2.60	46.70
粉砂岩	18.93	60.76	0.23	2.65	38.24
细砂岩	21.66	86.09	0.22	2.65	36.60
煤	4.01	15.53	0.28	1.40	43.60

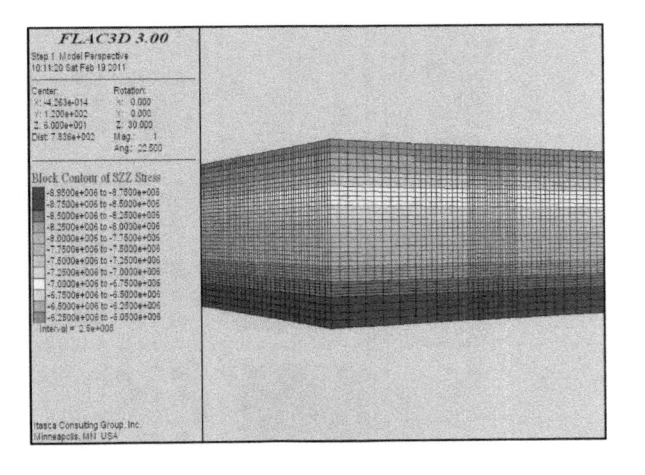

图 3-3 三维数值模拟计算模型

3.3 数值模拟计算结果分析

计算过程中笔者对采场进行分步开挖,在切眼前方 50 m 的分析断面内布置了 8 条测线,距离煤层底板分别为 0 m、−5 m、−10 m、−15 m、−20 m、−25 m、−30 m、−40 m,用于记录工作面推进时本断面内各个点的垂直应力变化,如图 3-4 所示。对工作面距离分析断面(见图 3-5)50 m、20 m、0 m、−30 m 时采场侧向底板采动应力分布规律进行分析;工作面距离分析断面 20 m 时的侧向垂直应力分布以及工作面推进过程中分析断面内第一条测线上监测点 1 的垂直应力变化如图 3-6 所示。

由图 3-6 可知:随着工作面向分析断面的推进,分析断面内各测点位置处受到的采动影响越来越大,垂直应力会重新分布。当工作面与分析断面不同距离

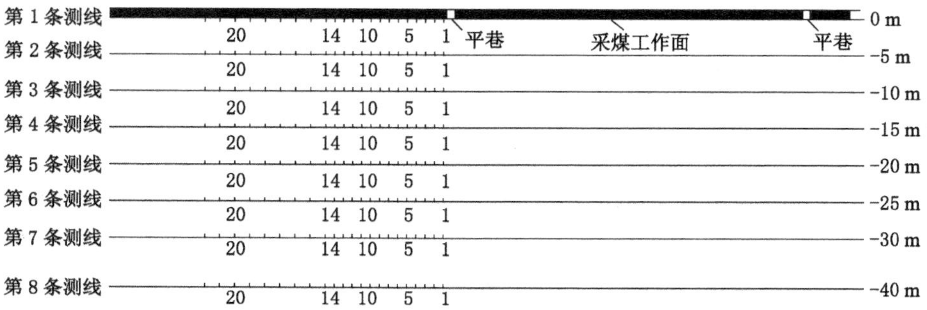

第1条测线					0 m
	20	14 10	5 1	平巷	采煤工作面	平巷

第1条测线 ──────────────── 0 m
　　　　　　20　14 10　5 1　平巷　　　采煤工作面　　　平巷
第2条测线 ──── 20　14 10　5 1 ──── -5 m
第3条测线 ──── 20　14 10　5 1 ──── -10 m
第4条测线 ──── 20　14 10　5 1 ──── -15 m
第5条测线 ──── 20　14 10　5 1 ──── -20 m
第6条测线 ──── 20　14 10　5 1 ──── -25 m
第7条测线 ──── 20　14 10　5 1 ──── -30 m
第8条测线 ──── 20　14 10　5 1 ──── -40 m

图 3-4　模型测线布置图

说明:图中数字代表监测点序号。

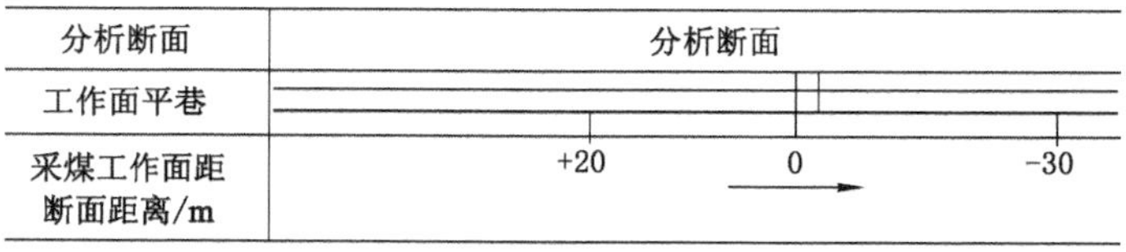

分析断面	分析断面		
工作面平巷			
采煤工作面距断面距离/m	+20	0 →　　　　-30	

图 3-5　分析断面位置示意图

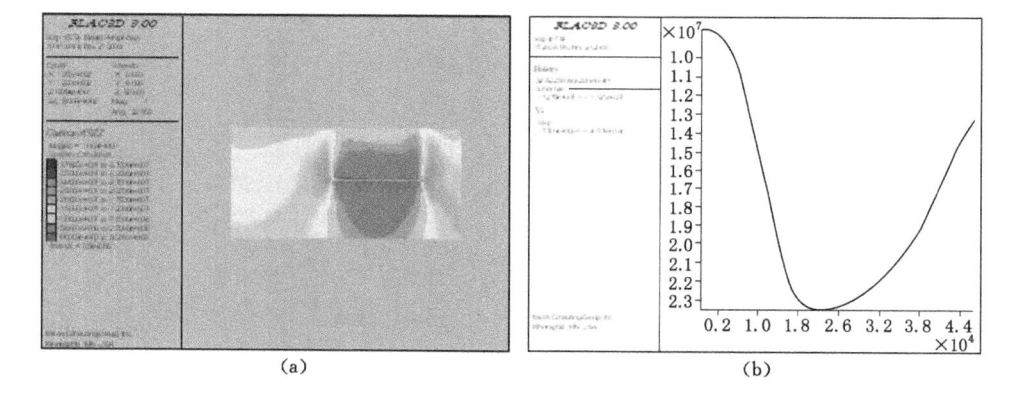

(a)　　　　　　　　　　　　　(b)

图 3-6　模拟结果图

(a) 侧向垂直应力分布图;(b) 监测点垂直应力变化图

时,分析断面的各条垂直应力测线变化曲线如图 3-7~图 3-10 所示。

3.3.1　工作面距离分析断面 50 m 时

当工作面开切眼后,即工作面距离分析断面 50 m 时,底板下各条测线的垂直应力分布如图 3-7 所示,因测线 7(-30 m)、测线 8(-40 m)的垂直应力几乎不受采动影响,因此其曲线图不在该图中列示。

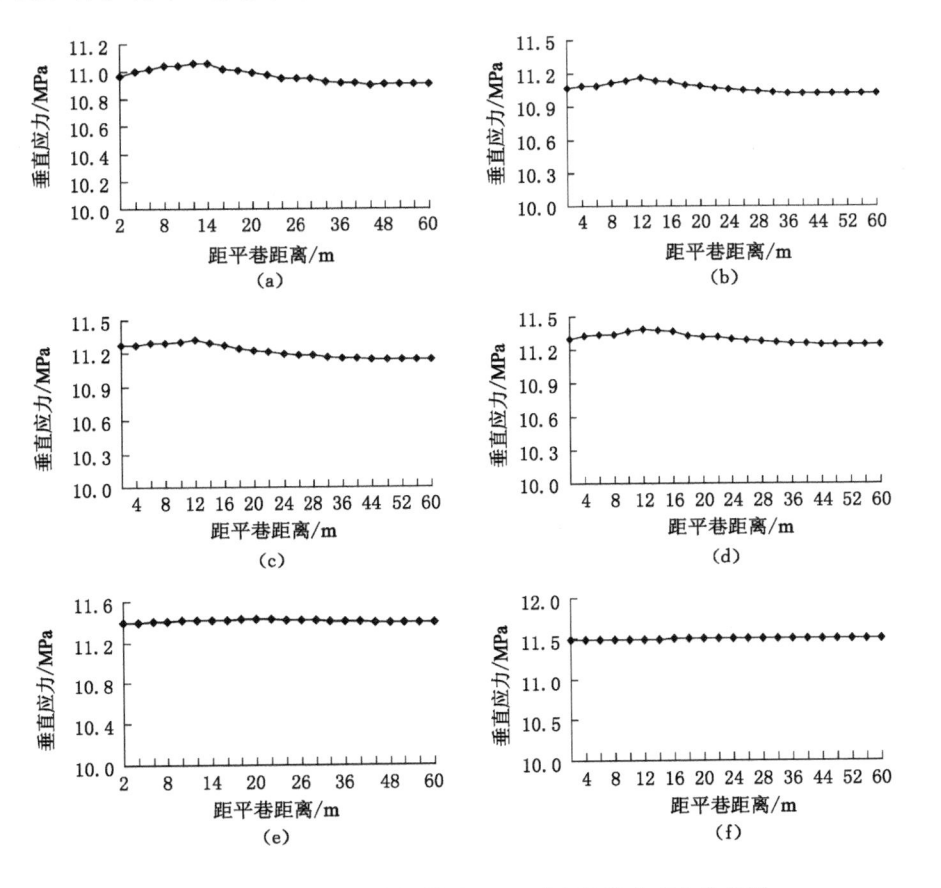

图 3-7 工作面距离分析断面 50 m 时底板采动应力分布图
(a) 煤层底板;(b) 煤层底板下 5 m;(c)煤层底板下 10 m;
(d) 煤层底板下 15 m;(e) 煤层底板下 20 m;(f) 煤层底板下 25 m

由图 3-7 可知:当工作面开切眼时,此时工作面距离分析断面 50 m,煤层底板以及底板下 5 m、10 m、15 m、20 m、25 m 各个位置处采动应力变化不大,说明工作面采动对分析断面内各个位置处的垂直应力影响很小。

3.3.2 工作面距离分析断面 20 m 时

当工作面自切眼推进 30 m 后,即工作面距离分析断面 20 m 时,底板下各条测线的垂直应力分布如图 3-8 所示。

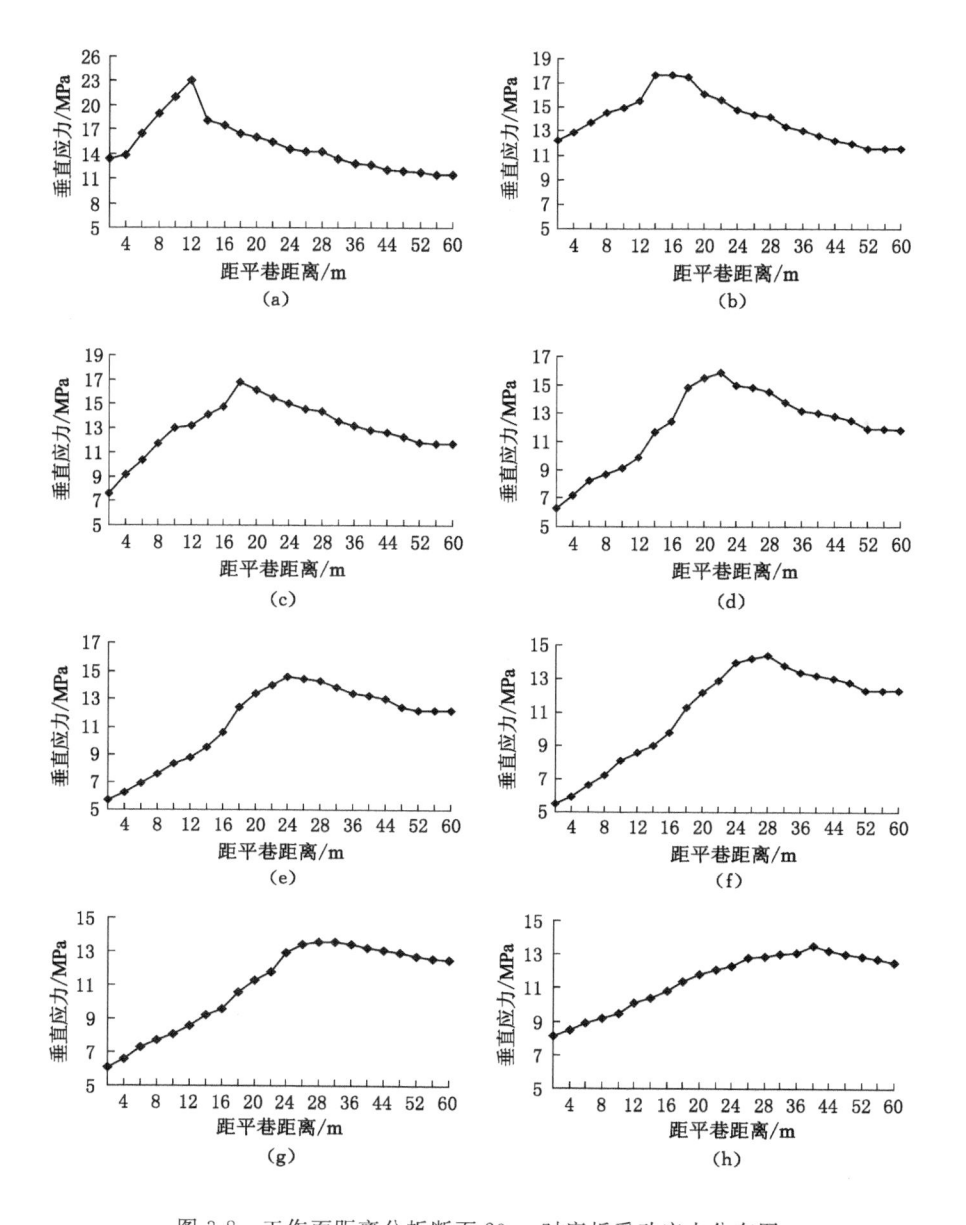

图 3-8 工作面距离分析断面 20 m 时底板采动应力分布图

（a）煤层底板；（b）煤层底板下 5 m；（c）煤层底板下 10 m；（d）煤层底板下 15 m；
（e）煤层底板下 20 m；（f）煤层底板下 25 m；（g）煤层底板下 30 m；（h）煤层底板下 40 m

由图 3-8 可知:当工作面距离分析断面 20 m 时,由图 3-8(a)可以看出,在和煤层同一水平的侧向煤体内,采动应力峰值位置距平巷距离为 10 m,垂直应力达到 23.7 MPa,应力集中系数为 2.12;由图 3-8(b)知,煤层下 5 m 的侧向煤体内,采动应力峰值位置距平巷距离为 12 m,垂直应力为 17.5 MPa,应力集中系数为 1.74;由图 3-8(c)可知,煤层下 10 m 的侧向煤体内,采动应力峰值位置距平巷距离为 18 m,垂直应力达到 17.1 MPa,应力集中系数为 1.70;由图 3-8(d)可知,煤层下 15 m 的侧向煤体内,采动应力峰值位置距平巷距离为 22 m,垂直应力最大为 15.9 MPa,应力集中系数为 1.51;由图 3-8(e)可知,采动应力峰值距平巷距离为 24 m,但是应力曲线的斜率和前面的几条曲线的斜率相比较平缓,说明受到的影响程度有所降低;由图 3-8(f)可知,煤层下 30 m 处,垂直应力最大为 14.5 MPa,应力集中系数为 1.3 左右;由图 3-8(g)、(h)可知,煤层下 40 m 处,垂直应力最大为 13.4 MPa,应力集中系数为 1.2 左右。

3.3.3 工作面推进至分析断面时

当工作面自切眼推进 50 m 后,即工作面推进至分析断面时,分析断面内各条测线的垂直应力分布如图 3-9 所示。

由图 3-9(a)可以看出,在和煤层同一水平的侧向煤体内,采动应力峰值位置距平巷距离为 12 m,垂直应力达到 23 MPa,应力集中系数为 1.93~2.12;由图 3-9(b)可知,煤层下 5 m 的侧向煤体内,采动应力峰值位置距平巷距离为 16 m,垂直应力为 17.9 MPa,应力集中系数为 1.65;由图 3-9(c)可知,煤层下 10 m 的侧向煤体内,采动应力峰值位置距平巷距离为 18 m,垂直应力达到 16.8 MPa,应力集中系数为 1.55;由图 3-9(d)可知,煤层下 15 m 的侧向煤体内,采动应力峰值位置距平巷距离为 22 m,垂直应力最大为 16.4 MPa,应力集中系数为 1.51;由图 3-9(e)可知,采动应力峰值距平巷距离为 28 m,但是应力曲线的斜率和前面的几条曲线的斜率相比较平缓,说明受到的影响程度有所降低;由图 3-9(f)、(g)可知,煤层下 30 m 处,应力集中系数为 1.3 左右,在靠近平巷数十米的侧向煤体内,由于采动影响,在煤层下方底板岩层范围内形成应力降低区;由图 3-10(h)可知,煤层下 40 m 处,垂直应力最大为 13.4 MPa,应力集中系数为 1.2 左右。

3.3.4 工作面推过分析断面 30 m 时

当工作面自切眼推进 80 m 后,即工作面推过分析断面 30 m 后,分析断面内各条测线的垂直应力分布如图 3-10 所示。

由图 3-10(a)可以看出,工作面推过分析断面一段距离后,在和煤层同一水

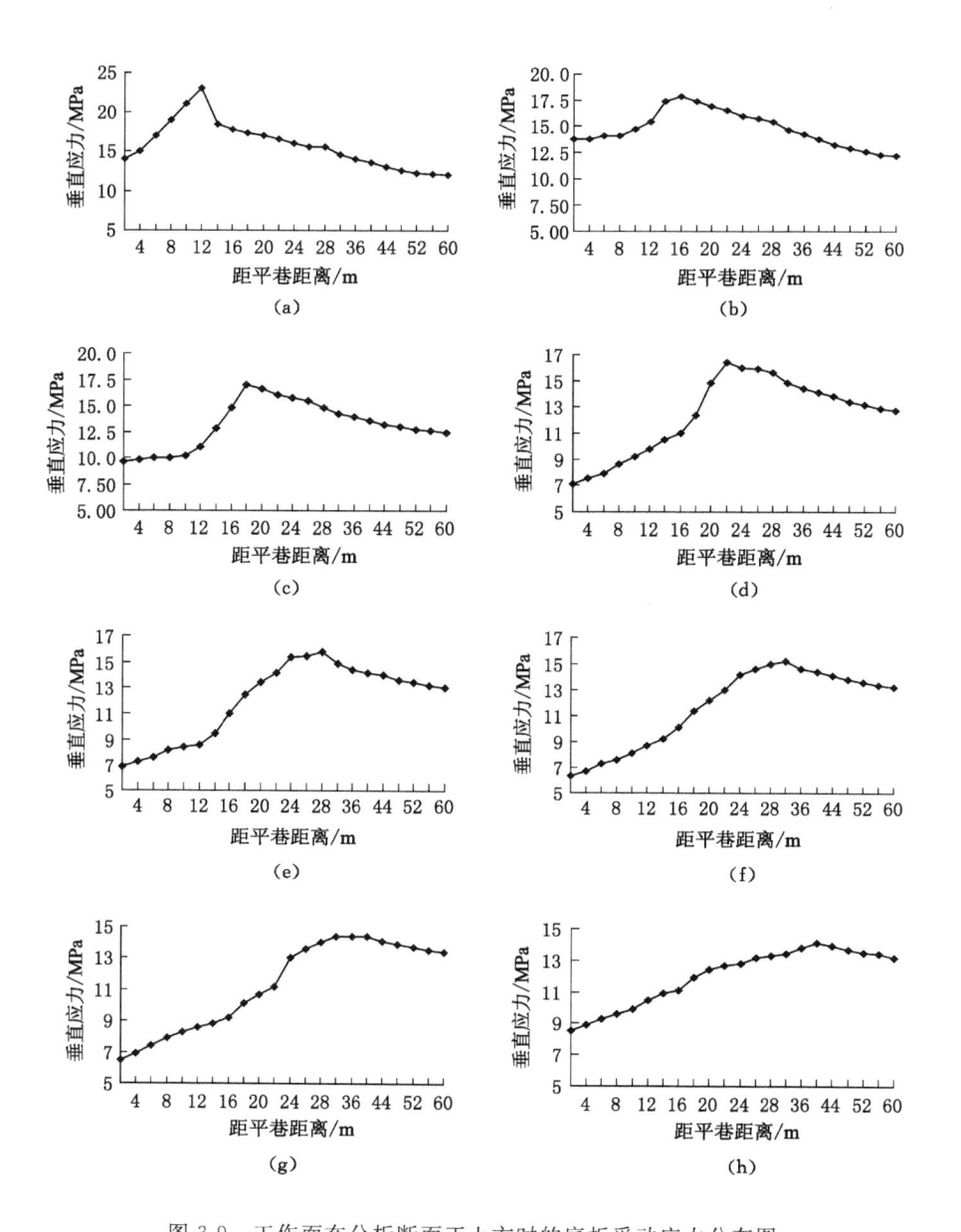

图 3-9 工作面在分析断面正上方时的底板采动应力分布图

(a) 煤层底板；(b) 煤层底板下 5 m；(c) 煤层底板下 10 m；(d) 煤层底板下 15 m；
(e) 煤层底板下 20 m；(f) 煤层底板下 25 m；(g) 煤层底板下 30 m；(h) 煤层底板下 40 m

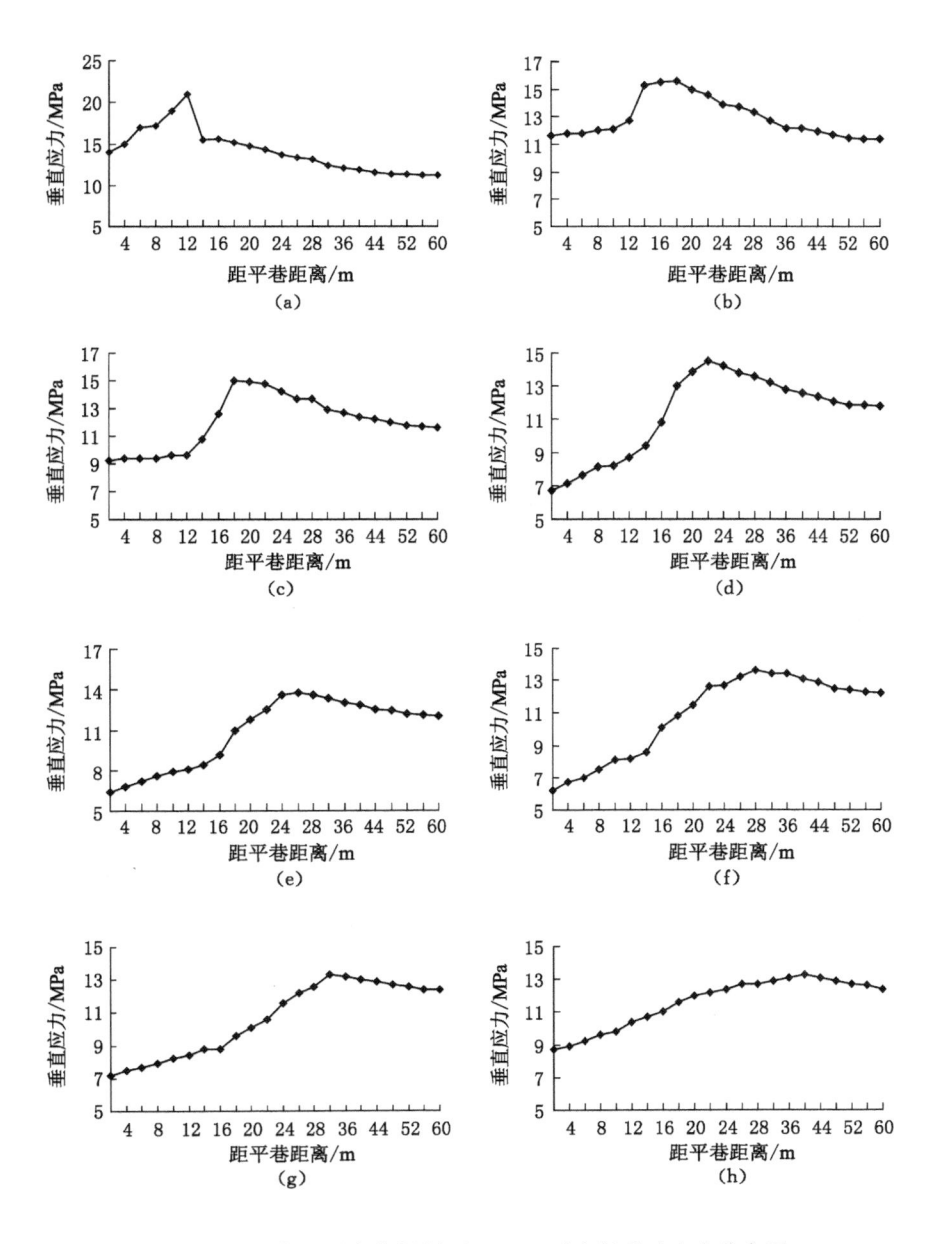

图 3-10　工作面距离分析断面－30 m 时底板采动应力分布图

(a) 煤层底板；(b) 煤层底板下 5 m；(c) 煤层底板下 10 m；(d) 煤层底板下 15 m；

(e) 煤层底板下 20 m；(f) 煤层底板下 25 m；(g) 煤层底板下 30 m；(h) 煤层底板下 40 m

平的侧向煤体内,采动应力峰值位置距平巷距离为 12 m,垂直应力达到 21 MPa,应力集中系数为 1.94;由图 3-10(b)可知,煤层下 5 m 的侧向煤体内,采动应力峰值位置距平巷距离为 18 m,垂直应力为 15.6 MPa,应力集中系数为 1.44;由图 3-10(c)可知,煤层下 10 m 的侧向煤体内,采动应力峰值位置距平巷距离为 18 m,垂直应力达到 15 MPa,应力集中系数为 1.38;由图 3-10(d)可知,煤层下 15 m 的侧向煤体内,采动应力峰值位置距平巷距离为 22 m,垂直应力最大为 14.5 MPa,应力集中系数为 1.34;由图 3-9(e)、(f)和(g)知,煤层下 30 m 处,应力集中系数为 1.3 左右。煤层底板下 15～30 m 靠近平巷附近的数十米的侧向煤体内,在煤层下方底板岩层范围内形成应力降低区。

综上所述,侧向底板采动应力峰值随着埋深的增加,逐渐远离工作面平巷,如图 3-11 所示。在工作面侧向底板中,布置在应力峰值及其附近范围内的巷道,由于围岩应力较高,塑性区范围会逐渐增大,巷道围岩变形增加,从而导致巷道围岩失稳,因此不宜将巷道布置在应力峰值及其附近区域内。

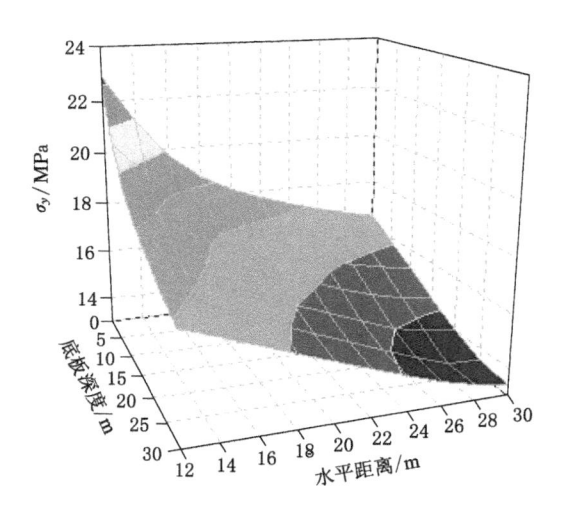

图 3-11　侧向底板不同深度采动应力峰值变化图

3.4　本章小结

本章以淮北矿业(集团)有限责任公司海孜煤矿 86 采区的工程条件为背景,建立了 FLAC³D 数值模拟计算模型,分析了煤层工作面推进过程中侧向底板采动应力的变化规律,主要得出以下结论:

（1）随着工作面的推进，在分析断面内侧向底板采动应力开始发生明显的变化，且随着工作面的推进逐渐增大；当采煤工作面推过分析断面一段距离时，侧向底板采动应力逐渐降低，且随着远离采煤工作面逐渐地趋向缓和与均化，即峰值逐渐降低。

（2）在工作面侧向底板不同埋深处的采动应力是不同的，应力峰值随着埋深的增加而逐渐远离工作面平巷，且应力集中系数也逐渐降低。

4 采动支承压力对底板巷道围岩稳定性影响研究

在巷道开挖前,巷道围岩岩体处于三向应力平衡状态,巷道开挖后,破坏了围岩原有的三向应力平衡状态,使应力重新分布:一是切向应力增加,并产生应力集中;二是径向应力降低,巷道周边位置处应力达到零;三是围岩受力状态由三向近似变成二向,岩石强度下降很多。如果集中应力值小于下降后的岩石强度,围岩将处于弹塑性状态,围岩可自稳,不存在巷道支护问题;如果相反,集中应力值等于下降后的岩体强度,围岩将发生破裂,这种破裂将从巷道表面围岩开始逐渐向围岩深部扩展,直至达到另一个三向应力平衡状态为止,此时围岩中出现一个破裂带,可称之为围岩松动圈,如图 4-1 所示。它有一个发生、发展和稳定的过程,稳定后的松动圈厚度反映了围岩应力、围岩强度等共同作用的结果,其外是塑性极限平衡区及弹性区。

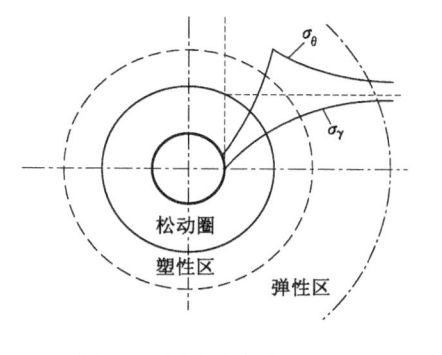

图 4-1　围岩状态发展过程

与静压条件下的巷道不同,由于受采煤工作面引起的覆岩运动和支承压力变化的影响,巷道围岩的塑性区、破碎区扩大,巷道变形严重。在原岩应力状态下巷道开掘后即巷道在静压力条件下,巷道围岩可分为破碎区、塑性区、弹性区。如不受动压影响,随着时间的推移,巷道围岩的破碎区和塑性区将有所扩大,但是扩大速度极其缓慢。而当巷道受到采动影响后,巷道围岩的受力将不能再看作轴对称载荷受力,本章将考虑采动支承压力对巷道围岩的塑性区、应力分布场以及位移场等的影响,基于三线性应力-应变软化模型,采用莫尔-库仑准则,推导采动支承压力影响下圆形巷道围岩的应力场、位移场以及塑性区半径的近似解析解。

4.1　静压下巷道围岩变形特征分析

在静压且轴对称条件下的巷道围岩受力变形分析,国内外学者进行了详尽的论述,本书引用李明远等在《软岩巷道锚注支护理论与实践》中的解析解,并对其塑性区范围解析解进行了修正。将巷道变形分为三区,采用岩石的全应力-应变曲线作为围岩力学模型,为了便于计算,将其分段直线化,即分为弹性段、塑性软化段、残余强度段,如图 4-2 所示。假定巷道为圆形巷道,原岩应力为 q_0,侧应力系数为 $\lambda=1$,支护体可提供的支护力 p_0 均匀分布在巷道周围,如图 4-3 所示。据此,利用弹塑性力学理论可对巷道围岩变形破坏的全过程进行求解。

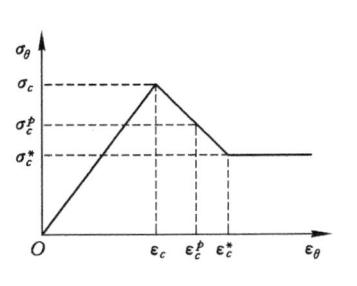
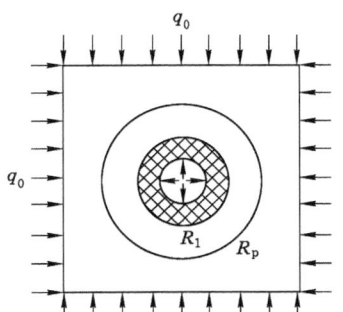

图 4-2　岩石全应力-应变曲线简化计算模型　　图 4-3　巷道围岩变形破坏过程计算模型

4.1.1　弹性区围岩应力及位移求解

4.1.1.1　弹性区应力及位移求解基本条件

(1) 假定体力 $k_r=k_\theta=0$;

(2) 根据其完全轴对称性,应力-应变和位移仅为半径 r 的函数,与 θ 无关,且 $\tau_{r\theta}=\tau_{\theta r}=0$。

(3) 在弹塑性交界面上,内边界刚刚进入塑性状态,此处应力处于库仑强度准则极限状态:$\sigma_\theta=K\sigma_r+\sigma_c$,有 $\sigma_r+\sigma_\theta=2q_0$(弹性轴对称条件),设 R_p 为塑性区

半径,则各分量为:

$$
\begin{cases}
\sigma_{rpR_p} = \sigma_{reR_p} = \dfrac{2q_0 - \sigma_c}{K+1} \\[3mm]
\sigma_{\theta pR_p} = \sigma_{\theta eR_p} = \dfrac{2Kq_0 + \sigma_c}{K+1}
\end{cases}
$$

式中　K——系数,$K = (1+\sin\phi)/(1-\sin\phi)$,其中 ϕ 为岩体内摩擦角;

　　　q_0——原岩应力;

　　　σ_c——岩石的单轴抗压强度,$\sigma_c = 2c\cos\phi/(1-\sin\phi)$,其中 c 为岩石黏聚力;

　　　σ_{reR_p},σ_{rpR_p}——弹塑性边界处的径向应力;

　　　$\sigma_{\theta eR_p}$,$\sigma_{\theta pR_p}$——弹塑性边界处的切向应力。

4.1.1.2　应力函数的求解

因为模型为轴对称载荷条件下的受力状态,用逆解法,假设应力函数 φ 只是径向坐标 r 的函数,即:

$$
\varphi = \varphi(r)
$$

由基本条件略去零值项得以下方程:

平衡微分方程:

$$
\frac{\mathrm{d}\sigma_{re}}{\mathrm{d}r} + \frac{\sigma_{re} - \sigma_{\theta e}}{r} = 0 \tag{4-1}
$$

物理方程:

$$
\begin{cases}
\varepsilon_{re} = \dfrac{1-\mu^2}{E}\left(\sigma_{re} - \dfrac{\mu}{1-\mu}\sigma_{\theta e}\right) \\[3mm]
\varepsilon_{\theta e} = \dfrac{1-\mu^2}{E}\left(\sigma_{\theta e} - \dfrac{\mu}{1-\mu}\sigma_{re}\right) \\[3mm]
\gamma_{r\theta e} = 0
\end{cases}
\tag{4-2}
$$

几何方程:

$$
\begin{cases}
\varepsilon_{re} = \dfrac{\mathrm{d}u_e}{\mathrm{d}r} \\[3mm]
\varepsilon_{\theta e} = \dfrac{u_e}{r}
\end{cases}
\tag{4-3}
$$

应力函数与相容方程:

$$
\begin{cases}
\sigma_{re} = \dfrac{1}{r} \cdot \dfrac{\partial\varphi}{\partial r} \\[3mm]
\sigma_{\theta e} = \dfrac{\partial^2\varphi}{\partial r^2} \\[3mm]
\tau_{r\theta e} = 0
\end{cases}
\tag{4-4}
$$

相容方程：

$$\left(\frac{\mathrm{d}^2}{\mathrm{d}r^2}+\frac{1}{r}\cdot\frac{\mathrm{d}}{\mathrm{d}r}\right)^2\varphi=0 \tag{4-5}$$

这是一个四阶的常微分方程，它的通解是：

$$\varphi=A\ln r+Br^2\ln r+Cr^2+D \tag{4-6}$$

其中的 A、B、C、D 是任意常数。

将式（4-6）代入式（4-4），得应力分量：

$$\begin{cases}\sigma_{re}=\dfrac{A}{r^2}+3(1+2\ln r)+2C\\[3mm]\sigma_{\theta e}=-\dfrac{A}{r^2}+B(3+2\ln r)+2C\end{cases} \tag{4-7}$$

首先求解此时弹性区的应力和位移，由式（4-7）结合边界各条件：

$$\begin{cases}r\rightarrow\infty,\sigma_r=q_0\\ r\rightarrow R_p,\sigma_r=\sigma_{R_p}^e\end{cases}$$

得出 A、B 和 C 为：

$$A=R_p^2(\sigma_{reR_p}-q_0),B=0,C=\frac{q_0}{2}$$

因此有巷道此时的弹性区的应力为：

$$\begin{cases}\sigma_{re}=q_0+\dfrac{R_p^2}{r^2}(\sigma_{reR_p}-q_0)\\[3mm]\sigma_{\theta e}=q_0-\dfrac{R_p^2}{r^2}(\sigma_{reR_p}-q_0)\end{cases}\quad r\in(R_p+\infty) \tag{4-8}$$

将上式代入式（4-2）得：

$$\varepsilon_{\theta e}=\frac{1+\mu}{E}\left[\frac{R_p^2}{r^2}(q_0-\sigma_{reR_p})+(1-2\mu)q_0\right]$$

则有径向位移：

$$U_{re}=\frac{r(1+\mu)}{E}\left[\frac{R_p^2}{r^2}(q_0-\sigma_{reR_p})+(1-2\mu)q_0\right] \tag{4-9}$$

4.1.2 塑性软化区应力及位移求解

4.1.2.1 塑性软化区应力及位移求解基本条件

（1）边界条件：该区外边界为弹塑性边界（$r=R_p$），内边界为塑性软化区与残余强度区边界。

（2）由塑性力学的特点和基本条件确定以下方程：

平衡微分方程：

$$\frac{\mathrm{d}\sigma_{rp}}{\mathrm{d}r} + \frac{\sigma_{rp} - \sigma_{\theta p}}{r} = 0 \tag{4-10}$$

库仑准则极限状态方程：

$$\sigma_{\theta p} = K\sigma_{rp} + \sigma_c^p \tag{4-11}$$

式中 σ_c^p——塑性软化区岩石单轴抗压强度，对应模型中的Ⅱ段。

$$\sigma_c \leqslant \sigma_c^p \leqslant \sigma_c^*$$

$$r\frac{\mathrm{d}\sigma_{rp}}{\mathrm{d}r} + (1-K)\sigma_{rp} = \sigma_c^p \tag{4-12}$$

几何方程：

$$\begin{cases} \varepsilon_{rp} = \dfrac{\mathrm{d}U_{rp}}{\mathrm{d}r} \\[2mm] \varepsilon_{\theta p} = \dfrac{U_{rp}}{r} \end{cases} \tag{4-13}$$

以上各式中，$R_1 \leqslant r \leqslant R_p$。

4.1.2.2 塑性软化区围岩位移求解

一般认为岩体在塑性软化区处于岩体破坏状态，此时会出现鼓胀，即扩容现象，因此假设在塑性区某点处的两个应变 ε_{rp} 和 $\varepsilon_{\theta p}$（$\varepsilon_{rp}/\varepsilon_{\theta p} = \mu'$），在弹性边界处则有：

$$\mu' = 1 - \frac{2(q_0 - \sigma_{reR_p})}{2(1-\mu)q_0 - \sigma_{reR_p}}$$

试验证明岩体扩容大小与该处的应力状态有关，即 μ' 是 r 的函数，与 θ 无关。为了简化问题，一般取 $\mu' = (\mu'_{\min} + \mu'_{\max})/2 = \mu'_0$ 为常数计算。

根据以上描述，将 $\varepsilon_{rp} = \mu'_0 \varepsilon_{\theta p}$ 代入式（4-13）得：

$$\frac{\mathrm{d}U_{rp}}{\mathrm{d}r} = \mu'_0 \frac{U_{rp}}{r} \tag{4-14}$$

解式（4-14）得：$U_{rp} = Cr^{\mu'_0}$，其中 C 为积分常数。将弹塑性边界条件 $U_{rp}|_{r=R_p} = U_{re}|_{r=R_p} = \dfrac{R_p(1+\mu)}{E}[2(1-\mu)q_0 - \sigma_{reR_p}]$ 代入得：

$$C = \frac{R_p^{(1-\mu'_0)}(1+\mu)}{E}[2(1-\mu)q_0 - \sigma_{reR_p}] \tag{4-15}$$

则：

$$U_{rp} = \frac{R_p^{(1-\mu'_0)}(1+\mu)}{E}[2(1-\mu)q_0 - \sigma_{reR_p}]r^{\mu'_0} \tag{4-16}$$

4.1.2.3 塑性软化区的应力求解

根据假定的力学模型可知，塑性软化段的岩石强度 σ_c^p 与切向应变 $\varepsilon_{\theta p}$ 成直线关系，即：

$$\sigma_c^p = \sigma_c - \frac{\sigma_c - \sigma_c^*}{\varepsilon_{\theta pR_1} - \varepsilon_{\theta pR_p}}(\varepsilon_{\theta p} - \varepsilon_{\theta rR_p}) \tag{4-17}$$

式中　σ_c,σ_c^p,σ_c^*——岩体的极限抗压强度、塑性软化强度和残余强度;

　　　$\varepsilon_{\theta pR_p}$,$\varepsilon_{\theta pR_1}$,$\varepsilon_{\theta p}$——围岩在弹塑性交界处、塑性软化和残余强度交界以及塑性软化区的切向应变。

根据几何方程即式(4-13):$\varepsilon_{\theta p} = U_{rp}/r = Cr^{\mu_0'-1}$代入式(4-17)得:

$$\sigma_c^p = \sigma_c - k_1'(\varepsilon_{\theta p} - \varepsilon_{\theta pR_p}) = \sigma_c - k(Cr^{\mu_0'-1} - \varepsilon_{\theta pR_p}) \tag{4-18}$$

式中　k_1'——软化模量,$k_1' = (\sigma_c - \sigma_c^*)/(\varepsilon_{\theta pR_1} - \varepsilon_{\theta pR_p})$。

解式(4-10)即得:

$$\sigma_{rp} = r^{K-1} \int r^{-K} \sigma_c^p \, dr$$

将式(4-18)代入上式积分得:

$$\sigma_{rp} = \frac{\sigma_c + k\varepsilon_{\theta pR_p}}{1-K} - \frac{Ck_1'}{\mu_0' - K} r^{\mu_0'-1} + C_0 r^{K-1} \tag{4-19}$$

式中　C_0——积分常数,将$\sigma_{rp}\mid_{r=R_p} = \sigma_{re}\mid_{r=R_p} = \sigma_{reR_p}$代入上式得:

$$C_0 = \left[\sigma_{reR_p} - \frac{(\sigma_c + k\varepsilon_{\theta pR_p})}{1-K} + \frac{Ck_1'}{\mu_0' - K} \cdot R_p^{\mu_0'-1} \right] / R_p^{K-1} \tag{4-20}$$

4.1.3　残余强度区应力及位移求解

4.1.3.1　残余强度区应力及位移求解基本条件

(1)边界条件:该区的外边界为$r = R_1$处:

$$U_{rt} = U_{rp}\mid_{r=R_1} = U_{rpR_1}, \sigma_{rt} = \sigma_{rpR_1}, \sigma_{\theta t} = \sigma_{\theta pR_1}$$

该区的内边界条件:$r = R_0$,支护力为p_0。

(2)基本条件:假定残余强度区体积变形为零,即$\varepsilon_r + \varepsilon_\theta = 0$,残余强度$\sigma_c^*$为常数。

(3)几何方程和平衡微分方程同塑性软化区形式,该区满足库仑强度极限准则。

4.1.3.2　求解位移U_{rt}

由几何方程和体积变形为零的条件可得出$\dfrac{dU_{rt}}{dr} = -\dfrac{U_{rt}}{r}$,解之得:

$$U_{rt} = \frac{B_0}{r} \tag{4-21}$$

式中　B_0——积分常数,由该区外边界条件确定B_0。

由$U_{tR_1} = U_{pR_1} = \dfrac{R_p^{(1-\mu_0')}(1+\mu)}{E}[2(1-\mu)q_0 - \sigma_{reR_p}]R_1^{\mu_0'} = \dfrac{B_0}{R_1}$得出:

$$B_0 = U_{pR_1} R_1$$

则：

$$U_{rt} = U_{rpR_1} R_1 r^{-1} \tag{4-22}$$

4.1.3.3 残余强度区应力求解

将库仑强度极限准则代入平衡方程得：

$$\begin{cases} \sigma_{\theta t} = K\sigma_{rt} + \sigma_c^* \\ \dfrac{\mathrm{d}\sigma_{rt}}{\mathrm{d}r} + \dfrac{\sigma_{rt} - \sigma_{\theta t}}{r} = 0 \end{cases}$$

式中，$K = (1 + \sin\phi)/(1 - \sin\phi)$，并假定 ϕ 值在岩石三个阶段一直不变而只改变 c 值。

解上式得：

$$\sigma_{rt} = r^{K-1} \int r^{-K} \sigma_c^* \, \mathrm{d}r = \sigma_c^* r^{K-1} \int r^{-K} \mathrm{d}r = \frac{1}{1-K} \sigma_c^* + A_0 \sigma_c^* r^{K-1} \tag{4-23}$$

式中 A_0 —— 积分常数。

由 $\sigma_{rt}\big|_{r=R_0} = p_0 = \sigma_c^* \left(\dfrac{1}{1-K} + A_0 R_0^{K-1} \right)$ 得出：

$$A_0 = \left(\frac{p_0}{\sigma_c^*} - \frac{1}{1-K} \right) R_0^{1-K} \tag{4-24}$$

则：

$$\sigma_{\theta t} = K\sigma_{rt} + \sigma_c^* = \sigma_c^* \left[\frac{1}{1-K} + KA_0 r^{K-1} \right] \tag{4-25}$$

4.1.3.4 塑性区范围求解

由几何方程得：$\varepsilon_{\theta pR_p} = \dfrac{U_{rpR_p}}{R_p} = \dfrac{CR_p^{\mu_0'}}{R_p} = CR_p^{\mu_0'-1}$

同理：$\varepsilon_\theta^* = \varepsilon_{\theta pR_1} = CR_1^{\mu_0'-1}$

由 $k_1 = (\sigma_c - \sigma_c^*)/(\varepsilon_{\theta pR_1} - \varepsilon_{\theta pR_p})$ 可知 $\sigma_c^* = \sigma_c - k_1'(\varepsilon_\theta^* - \varepsilon_{\theta pR_p})$，则：

$$\sigma_c^* = \sigma_c - k_1' C \left[R_1^{(\mu_0'-1)} - R_p^{(\mu_0'-1)} \right]$$

将 $C = \dfrac{R_p^{1-\mu_0'}(1+\mu)}{E}\left[2(1-\mu)q_0 - \sigma_{reR_p} \right]$ 代入上式得：

$$\frac{E(\sigma_c - \sigma_c^*)}{k_1'(1+\mu)\left[2(1-\mu)q_0 - \sigma_{reR_p} \right]} = \left[\left(\frac{R_1}{R_p} \right)^{\mu_0'-1} - 1 \right]$$

令 $R_1/R_p = t$ 即为两半径之比值，则：

$$t = \left\{ 1 + \frac{E(\sigma_c - \sigma_c^*)}{k_1'(1+\mu)\left[2(1-\mu)q_0 - \sigma_{reR_p} \right]} \right\}^{\frac{1}{\mu_0'-1}} \tag{4-26}$$

根据边界条件：$r = R_1 = tR_p$ 处，$\sigma_{rp} = \sigma_{rt}$，将式(4-19)、式(4-23)代入得：

$$R_{p} = \frac{1}{t} \left\{ t^{K-1} \cdot \left\{ \frac{\sigma_{reR_{p}} - \dfrac{\sigma_{c}^{*} + k\varepsilon_{\theta}^{*}}{1-K} + \dfrac{k_{1}'(1+\mu)\left[2(1-\mu)q_{0} - \sigma_{reR_{p}}\right]}{E(\mu_{0}' - K)}}{\sigma_{c}^{*}\left(\dfrac{p_{0}}{\sigma_{c}^{*}} - \dfrac{1}{1-K}\right)R_{0}^{1-K}} \right\} + \right.$$

$$\left. \frac{t^{\mu_{0}'-1}\dfrac{\{-k_{1}'(1+\mu)\left[2(1-\mu)q_{0} - \sigma_{reR_{p}}\right]\}}{E(\mu_{0}' - K)} + \dfrac{\sigma_{c} + k_{1}'\varepsilon_{\theta pR_{p}} - \sigma_{c}^{*}}{1-K}}{\sigma_{c}^{*}\left(\dfrac{p_{0}}{\sigma_{c}^{*}} - \dfrac{1}{1-K}\right)R_{0}^{1-K}} \right\}^{\frac{1}{K-1}} \tag{4-27}$$

4.2 底板巷道围岩应力集中系数力学分析

传统的考虑跨采动压影响时的巷道力学模型,大都采用应力集中系数 k 来表示动压对巷道的影响,将巷道看作轴对称载荷受力,如图 4-4 所示。本节首先考虑上方工作面采动时对巷道的影响,即建立应力集中系数 k 的力学模型;其次上方工作面采动时会在底板下方产生剪应力,巷道受力已经不是轴对称情况下的受力模型,因此这时候需建立一种新的力学模型,来阐述采动过程中支承压力在底板中的传播及其对巷道稳定性的影响。

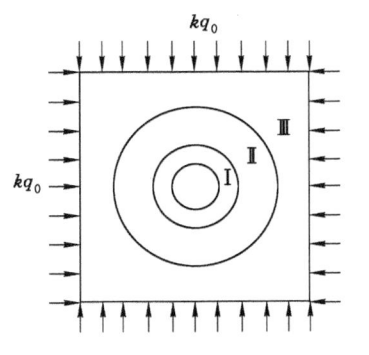

图 4-4 动压巷道计算简图

Ⅰ区——残余强度区;Ⅱ区——塑性软化区;Ⅲ区——弹性区

4.2.1 采动支承压力在底板中的传播规律分析

在本书第 2 章中,讨论了采动附加应力在底板中的传播规律,由采动附加支承压力分布状态,可以得知煤层推进时工作面前后的支承压力分布状态,如图 4-5 所示。

由于主要研究的是采动支承压力在底板中的传播规律,为研究问题的方便,

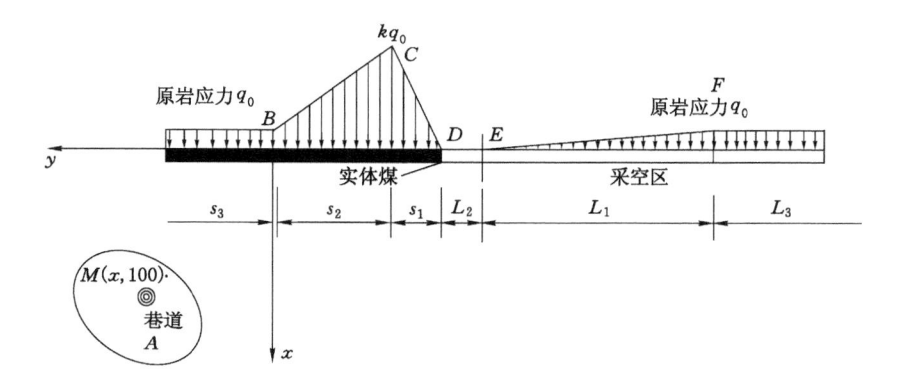

图 4-5 采动支承压力分布规律图

假设底板中巷道围岩三区中塑性软化区和残余区之外的区域都是弹性区,取巷道弹性区中的一定点 $M(x,100)$,巷道附近区域 A 的放大图如图 4-6 所示,此时工作面与 M 点的水平距离为 $100+s_1+s_2$,我们分析工作面由此位置开始推进,然后渐进乃至采过 M 点一段距离时,M 点处的应力状态的变化过程。

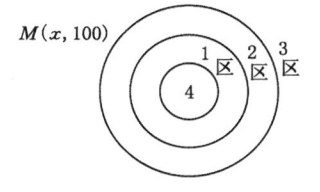

图 4-6 区域 A 放大图

1 区——残余强度区;2 区——塑性软化区;3 区——弹性区;4——巷道

依照本书第 2.2 节中计算 M 点的应力状态公式,可以求得下式:

$$\begin{cases} \sigma_x = -\dfrac{2}{\pi} \displaystyle\int_{y_1}^{y_2} \dfrac{q(\xi) x^3 \mathrm{d}\xi}{[x^2+(100-y-\xi)^2]^2} \\[3mm] \sigma_y = -\dfrac{2}{\pi} \displaystyle\int_{y_1}^{y_2} \dfrac{q(\xi) x (100-y-\xi)^2 \mathrm{d}\xi}{[x^2+(100-y-\xi)^2]^2} \\[3mm] \tau_{xy} = -\dfrac{2}{\pi} \displaystyle\int_{y_1}^{y_2} \dfrac{q(\xi) x^2 (100-y-\xi) \mathrm{d}\xi}{[x^2+(100-y-\xi)^2]^2} \end{cases} \tag{4-28}$$

由本书第 2.2 节中采动附加应力的分布形式,我们可以得知工作面前后支承压力各段 L_1、L_2、L_3 以及 s_1、s_2、s_3 的实际长度及起始点的坐标,即 B 点、C 点、D 点、E 点、F 点的坐标我们都可以得知;设原岩应力为 q_0,然后代入式(4-28)对 s_3、s_2、s_1、L_1 及 L_2 进行积分求其表达式。

第一段支承压力作用范围为从 0 到无穷远处 $(0, \infty)$，载荷集度 $q_1(\xi) = q_0$，代入式(4-28)得出：

$$
\begin{cases}
\sigma_{x1} = -\dfrac{2}{\pi} \displaystyle\int_0^\infty \dfrac{q_0 x^3 \, \mathrm{d}\xi}{\left[x^2 + (100 - y - \xi)^2 \right]^2} \\[3mm]
\sigma_{y1} = -\dfrac{2}{\pi} \displaystyle\int_0^\infty \dfrac{q_0 x (100 - y - \xi)^2 \, \mathrm{d}\xi}{\left[x^2 + (100 - y - \xi)^2 \right]^2} \\[3mm]
\tau_{xy1} = -\dfrac{2}{\pi} \displaystyle\int_0^\infty \dfrac{q_0 x^2 (100 - y - \xi) \, \mathrm{d}\xi}{\left[x^2 + (100 - y - \xi)^2 \right]^2}
\end{cases}
\tag{4-29}
$$

第二段支承压力作用范围由 B 点到 C 点，B 点与 C 点的 y 轴坐标分别为 $y_B = 0$、$y_C = -30$，B 点与 C 点的应力值分别为 $q_B = q_0$、$q_C = 2.5 q_0$，由此可以求得 BC 间载荷集度表达式 $q_2(\xi)$：

$$
q_2(\xi) = -0.05 \xi q_0 + q_0
$$

将 $q_2(\xi)$ 代入式(4-28)得出：

$$
\begin{cases}
\sigma_{x2} = -\dfrac{2}{\pi} \displaystyle\int_{-30}^0 \dfrac{(-0.05 \xi q_0 + q_0) x^3 \, \mathrm{d}\xi}{\left[x^2 + (100 - y - \xi)^2 \right]^2} \\[3mm]
\sigma_{y2} = -\dfrac{2}{\pi} \displaystyle\int_{-30}^0 \dfrac{(-0.05 \xi q_0 + q_0) x (100 - y - \xi)^2 \, \mathrm{d}\xi}{\left[x^2 + (100 - y - \xi)^2 \right]^2} \\[3mm]
\tau_{xy2} = -\dfrac{2}{\pi} \displaystyle\int_{-30}^0 \dfrac{(-0.05 \xi q_0 + q_0) x^2 (100 - y - \xi) \, \mathrm{d}\xi}{\left[x^2 + (100 - y - \xi)^2 \right]^2}
\end{cases}
\tag{4-30}
$$

第三段支承压力作用范围由 C 点到 D 点，C 点与 D 点的 y 轴坐标分别为 $y_C = -30$、$y_D = -40$，C 点与 D 点的应力值分别为 $q_C = 2.5 q_0$、$q_D = 0$，由此可以求得 CD 间载荷集度表达式 $q_3(\xi)$：

$$
q_3(\xi) = 0.25 \xi q_0 + 10 q_0
$$

将 $q_3(\xi)$ 代入式(4-28)得出：

$$
\begin{cases}
\sigma_{x3} = -\dfrac{2}{\pi} \displaystyle\int_{-40}^{-30} \dfrac{(0.25 \xi q_0 + 10 q_0) x^3 \, \mathrm{d}\xi}{\left[x^2 + (100 - y - \xi)^2 \right]^2} \\[3mm]
\sigma_{y3} = -\dfrac{2}{\pi} \displaystyle\int_{-40}^{-30} \dfrac{(0.25 \xi q_0 + 10 q_0) x (100 - y - \xi)^2 \, \mathrm{d}\xi}{\left[x^2 + (100 - y - \xi)^2 \right]^2} \\[3mm]
\tau_{xy3} = -\dfrac{2}{\pi} \displaystyle\int_{-40}^{-30} \dfrac{(0.25 \xi q_0 + 10 q_0) x^2 (100 - y - \xi) \, \mathrm{d}\xi}{\left[x^2 + (100 - y - \xi)^2 \right]^2}
\end{cases}
\tag{4-31}
$$

第四段支承压力作用范围由 E 点到 F 点，E 点与 F 点的 y 轴坐标分别为 $y_E = -50$、$y_F = -190$，E 点与 F 点的应力值分别为 $q_E = 0$、$q_F = q_0$，由此可以求得 EF 间载荷集度表达式 $q_4(\xi)$：

$$
q_4(\xi) = \frac{1}{140} \xi q_0 + \frac{19}{14} q_0
$$

然后将 $q_4(\xi)$ 代入式(4-28)得出：

$$\begin{cases} \sigma_{x4} = -\dfrac{2}{\pi}\displaystyle\int_{-50}^{-190} \dfrac{(\frac{1}{140}\xi q_0 + \frac{19}{14}q_0)x^3 \,\mathrm{d}\xi}{[x^2+(100-y-\xi)^2]^2} \\[3mm] \sigma_{y4} = -\dfrac{2}{\pi}\displaystyle\int_{-50}^{-190} \dfrac{(\frac{1}{140}\xi q_0 + \frac{19}{14}q_0)x\,(100-y-\xi)^2 \,\mathrm{d}\xi}{[x^2+(100-y-\xi)^2]^2} \\[3mm] \tau_{xy4} = -\dfrac{2}{\pi}\displaystyle\int_{-50}^{-190} \dfrac{(\frac{1}{140}\xi q_0 + \frac{19}{14}q_0)x^2\,(100-y-\xi) \,\mathrm{d}\xi}{[x^2+(100-y-\xi)^2]^2} \end{cases} \tag{4-32}$$

第五段支承压力作用范围由 F 点至负无穷远处,将载荷集度 $q_5(\xi)=q_0$ 代入式(4-28)得出:

$$\begin{cases} \sigma_{x5} = -\dfrac{2}{\pi}\displaystyle\int_{-\infty}^{-190} \dfrac{q_0 x^3 \,\mathrm{d}\xi}{[x^2+(100-y-\xi)^2]^2} \\[3mm] \sigma_{y5} = -\dfrac{2}{\pi}\displaystyle\int_{-\infty}^{-190} \dfrac{q_0 x\,(100-y-\xi)^2 \,\mathrm{d}\xi}{[x^2+(100-y-\xi)^2]^2} \\[3mm] \tau_{xy5} = -\dfrac{2}{\pi}\displaystyle\int_{-\infty}^{-190} \dfrac{q_0 x^2\,(100-y-\xi) \,\mathrm{d}\xi}{[x^2+(100-y-\xi)^2]^2} \end{cases} \tag{4-33}$$

因此,作用在煤层底板岩层上的支承压力对点 M 引起的 σ_x、σ_y 和 τ_{xy} 表达式为:

$$\begin{cases} \sigma_x = \sigma_{x1} + \sigma_{x2} + \sigma_{x3} + \sigma_{x4} + \sigma_{x5} \\ \sigma_y = \sigma_{y1} + \sigma_{y2} + \sigma_{y3} + \sigma_{y4} + \sigma_{y5} \\ \tau_{xy} = \tau_{xy1} + \tau_{xy2} + \tau_{xy3} + \tau_{xy4} \end{cases} \tag{4-34}$$

从而可以求得 M 点处的主应力,即:

$$\begin{cases} \sigma_1 = \dfrac{\sigma_x+\sigma_y}{2} + \sqrt{\left(\dfrac{\sigma_x-\sigma_y}{2}\right)^2 + \tau_{xy}^2} \\[3mm] \sigma_2 = \dfrac{\sigma_x+\sigma_y}{2} - \sqrt{\left(\dfrac{\sigma_x-\sigma_y}{2}\right)^2 + \tau_{xy}^2} \end{cases} \tag{4-35}$$

应力主轴方向:

$$\tan(2\alpha) = \dfrac{\sigma_x-\sigma_y}{2\tau_{xy}} \tag{4-36}$$

4.2.2 开采 7 煤时底板巷道围岩应力集中系数变化规律

4.2.2.1 底板巷道围岩应力集中系数变化规律

因为淮北矿业(集团)有限责任公司海孜煤矿 86 采区 7 煤与巷道的垂直距离为 40 m,那么将 $x=40$ 代入式(4-29)～式(4-34),然后根据式(4-35)可以求得 7 煤推进时 M 点的主应力变化,而由主应力变化我们即可求得应力集中系数

$k_1(x,y)$、$k_2(x,y)$，其中的 x 值为 40，应力集中系数为自变量 y 的函数，我们将应力集中系数简写为 $k_1(y)$、$k_2(y)$，其表达式为 $k_1(y)=\dfrac{\sigma_1}{q_0}$、$k_2(y)=\dfrac{\sigma_2}{q_0}$，随着工作面开采的变化规律如图 4-7 所示。

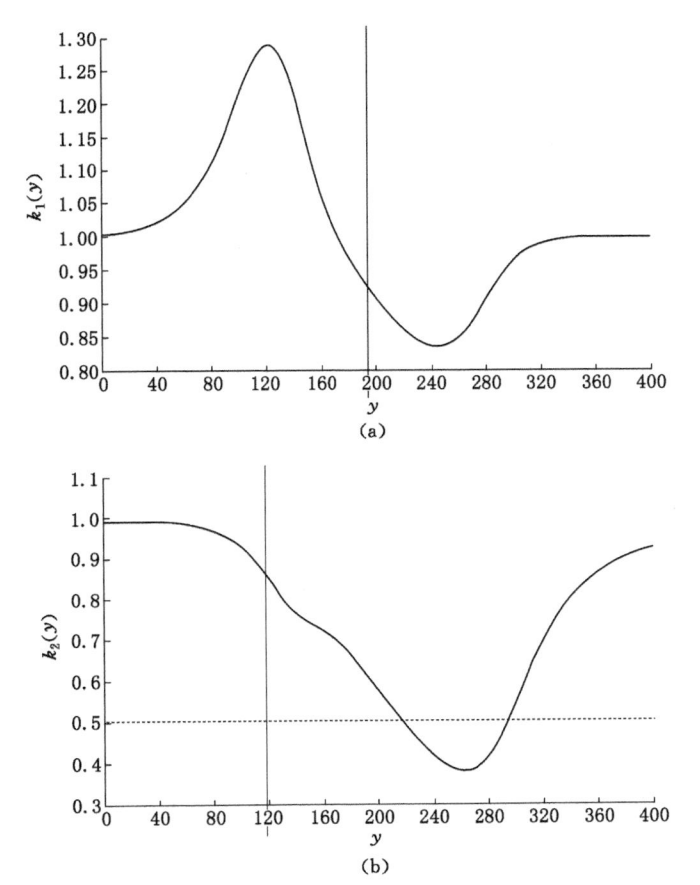

图 4-7　巷道围岩应力集中系数变化规律
(a) $k_1(y)$ 变化规律；(b) $k_2(y)$ 变化规律
注：横轴 y 代表工作面推进距离。

由图 4-7 可知：

(1) 最大主应力 σ_1 集中系数。

工作面与 M 点的初始距离为 140 m，由图 4-7(a)可知：随着工作面的推进，M 点位置处的最大主应力集中系数一直在增大，工作面推进 120 m 时(此时工

作面与 M 点的水平距离为 20 m)最大主应力集中系数达到最大值 1.28;当工作面继续推进时,M 点位置处的最大主应力集中系数开始减小,当工作面推进 170 m(工作面推过 M 点 30 m)左右时,M 点位置处的最大主应力集中系数减小至原岩应力状态;此后随着工作面的推进,最大主应力集中系数继续减小,M 点位置处进入卸压状态,当工作面推进 250 m(工作面推过 M 点 110 m)时,M 点位置处的最大主应力集中系数值减到最小,为 0.83;当工作面继续推进时,主应力值又逐渐增大,当工作面推进 350 m 时,M 点位置处的最大主应力集中系数又逐渐接近 1,说明 M 点位置处围岩又恢复至原岩应力状态。

(2) 最小主应力 σ_2 集中系数。

由图 4-7(b)可知:在工作面初始推进的 60 m(工作面与 M 点的水平距离大于等于 80 m)内,M 点位置处最小主应力集中系数几乎没有变化,说明工作面与 M 点的距离大于等于 80 m 时,M 点处的最小主应力没有受到采动支承压力的影响;当工作面继续推进时,M 点位置处的最小主应力集中系数开始减小,当工作面推进 260 m(工作面推过 M 点 120 m)时,M 点位置处的最小主应力集中系数达到最小值,为 0.37;当工作面继续推进时,随着工作面远离 M 点,M 点上方的采空区逐渐被压实,采空区底板的应力逐渐恢复,M 点位置处最小主应力集中系数的值也逐渐增大,当工作面推进 400 m 时,M 点位置处最小主应力集中系数值增大到 0.87,说明最小主应力也在逐渐恢复,逐渐接近未受到采动影响时的最小主应力值。

4.2.2.2 应力主轴方向变化规律

将求得的 M 点处的 σ_x、σ_y 以及 τ_{xy} 代入式(4-36)中,并将结果用 MathCAD 生成图形,如图 4-8 所示。

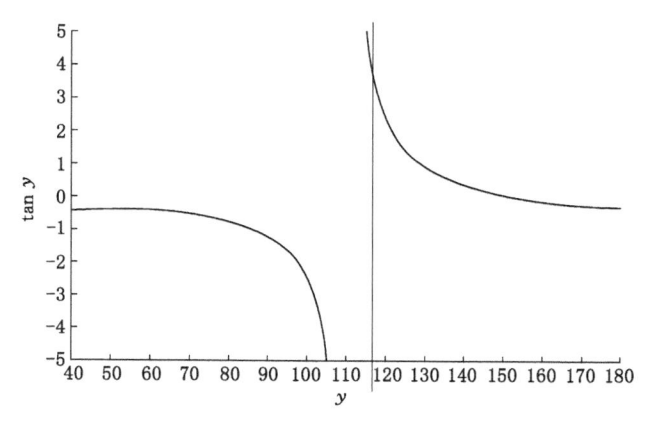

图 4-8 应力主轴角正切值的变化规律

由图 4-8 可知,应力主轴角正切值的变化如图 4-8 所示,根据反三角函数,我们可以求得应力主轴角的变化,即:

$$\alpha = \frac{\arctan\left(\dfrac{\sigma_x - \sigma_y}{\tau_{xy}}\right) + n\pi}{2} \qquad n = 1,2$$

可解得:

$$\begin{cases} \dfrac{\pi}{4} < \alpha < \dfrac{5\pi}{12} & 40 < y < 115 \\[2mm] \dfrac{3\pi}{4} < \alpha < \dfrac{5\pi}{4} & 115 < y < 250 \end{cases}$$

综上可知,在工作面跨采底板巷道的整个过程,巷道应力主轴角呈分区变化。当工作面与巷道的水平距离在[25,80]之间时,巷道主轴角的值为首先从 $\alpha = \dfrac{\pi}{4}$ 处增大,最后发展到 $\alpha = \dfrac{5\pi}{12}$;当工作面由与巷道水平距离 25 m 处继续往前推进时,巷道的应力主轴角此时跳跃到 $\alpha = \dfrac{3\pi}{4}$,当工作面跨采过巷道 50 m 后,此时巷道的应力主轴角值为 $\alpha = \pi$,如图 4-9 所示。

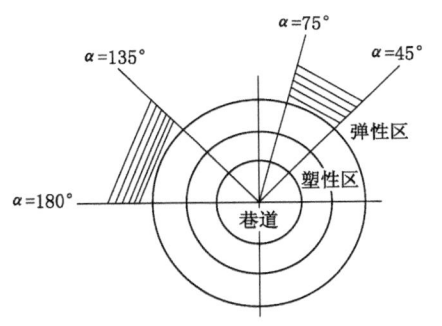

图 4-9 7 煤开采时巷道应力主轴变化图

4.2.3 开采 9 煤时底板巷道围岩应力集中系数变化规律

4.2.3.1 底板巷道围岩应力集中系数变化规律

因为淮北矿业(集团)有限责任公司海孜煤矿 86 采区 9 煤与巷道的垂直距离为 20 m,那么将 $x = 20$ 代入式(4-29)~式(4-34),然后根据式(4-35)可以求得 9 煤推进时 M 点的主应力变化,而由主应力变化我们即可求得应力集中系数 $k_1(x,y)$、$k_2(x,y)$,其中 x 值为 20,应力集中系数为自变量 y 的函数,我们将采动系数简写为 $k_1(y)$、$k_2(y)$,其表达式为 $k_1(y) = \dfrac{\sigma_1}{q_0}$、$k_2(y) = \dfrac{\sigma_2}{q_0}$,随着工作面开采的变化规律如图 4-10 所示。

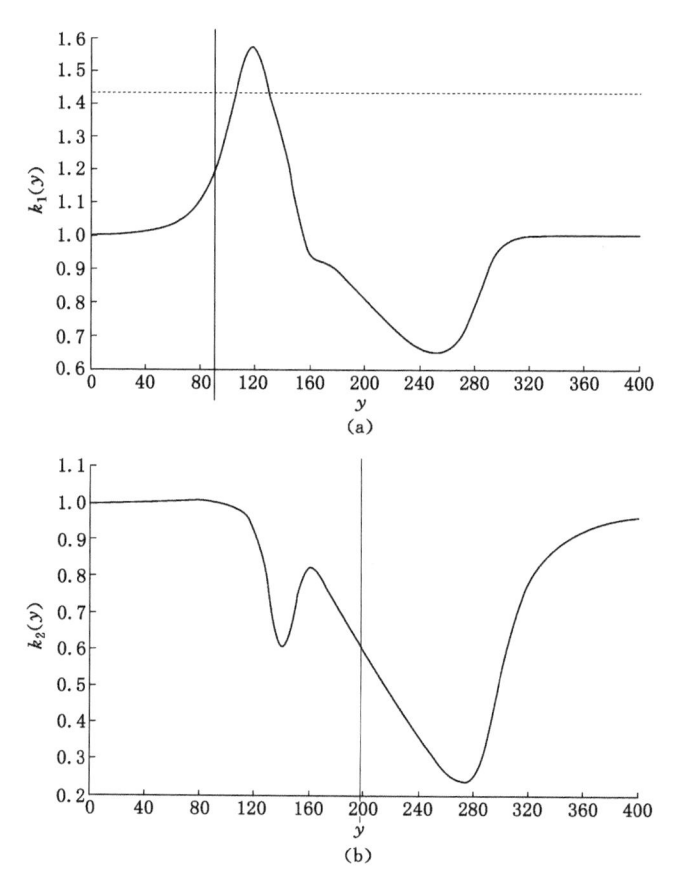

图 4-10 巷道围岩应力集中系数变化规律

(a) $k_1(y)$的变化规律；(b) $k_2(y)$的变化规律

注：横轴 y 代表工作面推进距离。

由图 4-10 可知：

（1）最大主应力 σ_1 集中系数。

工作面与 M 点的初始距离为 140 m，由图 4-10(a)可知：随着工作面的推进，M 点位置处的最大主应力集中系数一直在增大，工作面推进 120 m 时(此时工作面与 M 点的水平距离为 20 m)达到最大值 1.57；当工作面继续推进时，M 点位置处的最大主应力集中系数开始减小，当工作面推进 158 m(工作面推过 M 点 18 m)左右时，M 点位置处的最大主应力集中系数减小至原岩应力状态；此后随着工作面的推进，最大主应力集中系数继续减小，M 点位置处进入卸压状态，当工作面推进 250 m(工作面推过 M 点 110 m)时,M 点位置处的最大主应力集中系数值减到最小,为 0.6;当工作面继续推进时,主应力值又逐渐增大,当工作面推进 320 m 时,M 点位置处的最大主应力集中系数又逐渐接近 1,说明 M 点位置处围岩又恢复至原岩应力状态。

(2)最小主应力 σ_2 集中系数。

由图 4-10(b)可知:在工作面初始推进的 100 m(工作面与 M 点的水平距离大于等于 40 m)内,M 点位置处最小主应力集中系数几乎没有变化,说明工作面与 M 点的距离大于等于 40 m 时,M 点处的最小主应力没有受到采动支承压力的影响;当工作面继续推进时,M 点位置处的最小主应力集中系数开始减小,当工作面推进 140 m(工作面在 M 点正上方)时,M 点位置处的最小主应力集中系数变化曲线出现拐点,最小主应力集中系数值减小为 0.6 后又出现了上扬,当工作面由此继续推进 20 m(工作面推过 M 点 20 m)后,最小主应力集中系数值增大到 0.8 又开始回落,当工作面推进 270 m 后,最小主应力集中系数减小到整个推进过程中的最小值 0.25,为工作面推进过程中 M 点位置处的最大卸压程度;此后随着工作面逐渐远离 M 点,上覆岩层逐渐压实采空区,M 点处的最小主应力集中系数逐渐增大,当工作面推进 400 m 时,最小主应力集中系数为 0.95,接近原岩应力状态。

4.2.3.2 应力主轴方向

将求得的 M 点处的 σ_x、σ_y 以及 τ_{xy} 代入式(4-35)中,并将结果用 MathCAD 生成图形,如图 4-11 所示。

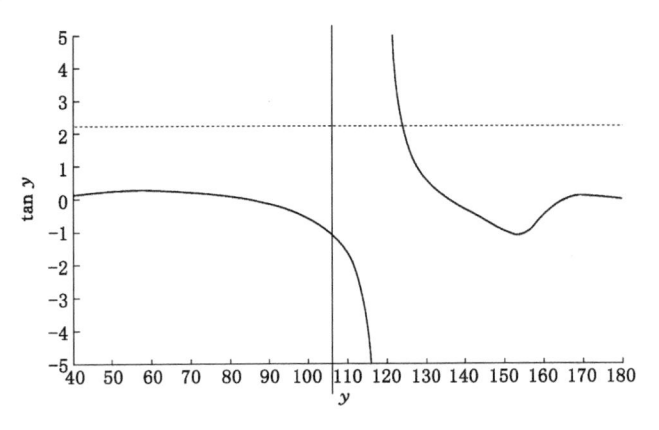

图 4-11　应力主轴角正切值的变化规律

应力主轴角正切值的变化如图 4-11 所示,根据反三角函数,我们可以求得应力主轴角 α_1 的变化,即:

$$\alpha_1 = \frac{\arctan\left(\dfrac{\sigma_x - \sigma_y}{\tau_{xy}}\right) + n\pi}{2}, \quad n = 1, 2$$

可解得：

$$\alpha_1 = \begin{cases} \dfrac{\pi}{4} < \alpha_1 < \dfrac{13\pi}{24} & 40 < y < 120 \\[3mm] \dfrac{3\pi}{4} < \alpha_1 < \pi & 120 < y < 180 \end{cases}$$

　　综上可知，在工作面跨采底板巷道的整个过程，巷道应力主轴角呈分区变化。当工作面与巷道的水平距离在[20,80]之间时，巷道主轴角的值为首先从 $\alpha_1 = \dfrac{\pi}{4}$ 处增大，最后发展到 $\alpha_1 = \dfrac{13\pi}{24}$；当工作面由与巷道水平距离 20 m 处继续往前推进时，巷道的应力主轴角此时跳跃到 $\alpha_1 = \dfrac{3\pi}{4}$，当工作面跨采过巷道 50 m 后，此时巷道的应力主轴角值为 $\alpha_1 = \pi$，如图 4-12 所示。

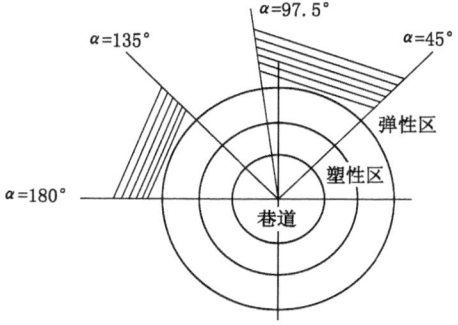

图 4-12　9 煤开采时巷道应力主轴变化图

4.3　受采动影响时巷道围岩变形特征分析

　　由本书第 2.2 节与第 4.2 节可以得知，在上方工作面推进过程中，采动支承压力会在底板中传播，导致底板巷道所处的底板区域中不同方向应力的集中或卸压，此时 $k \neq 1$，甚至出现了剪应力，因此应将受采动影响的底板巷道围岩看作非轴对称载荷情况来计算。当 $k \neq 1$ 时，塑性区应力和边界线的求解一般都借助于有限单元法来获得数值解，但由于具体计算中采用的方法不同，所得的塑性区应力值也有一定的差异。为了分析上方工作面采动过程中对底板巷道稳定性的影响，需要建立新的动压巷道力学计算模型，来求得动压巷道应力场以及位移场的近似解析解。

4.3.1 跨采巷道力学模型的建立

4.3.1.1 模型基本条件

动压巷道力学模型继续沿用静压力学模型中的基本条件,即将围岩岩石的全应力-应变曲线看作三线性的:弹性区、塑性软化区、残余强度区。

模型本构选用莫尔-库仑准则,它可以很好地反映巷道围岩岩石的强度特性,而且它的线性特征更有利于模型的求解。莫尔-库仑准则在极坐标下可转换为:$\sigma_\theta = K\sigma_r + \sigma_c$。

4.3.1.2 模型的建立

为了计算方便,在受采动影响的巷道力学模型中,还是将巷道简化为圆形,巷道支护力为 p_0,如图 4-13 所示。围岩分为三个区,分别对应岩石全应力应变曲线的塑性残余段、塑性软化段以及弹性段。

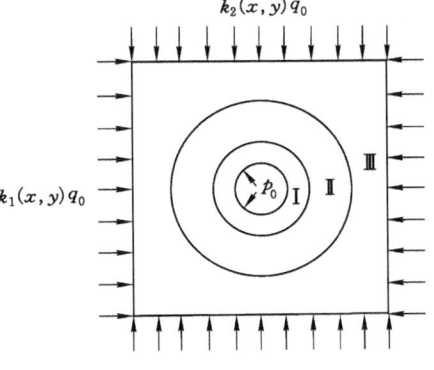

图 4-13　跨采巷道力学模型图

Ⅰ区——残余强度区;Ⅱ区——塑性软化区;Ⅲ区——弹性区

$$
\begin{cases}
\sigma_r = \dfrac{[k_1(x,y)+k_2(x,y)]}{2}q_0\left(1-\dfrac{a^2}{r^2}\right)+\dfrac{[k_2(x,y)-k_1(x,y)]}{2}\cdot \\[2mm]
\qquad q_0\left(1-\dfrac{a^2}{r^2}\right)\left(1-3\dfrac{a^2}{r^2}\right)\cos 2\theta \\[2mm]
\sigma_\theta = \dfrac{[k_1(x,y)+k_2(x,y)]}{2}q_0\left(1+\dfrac{a^2}{r^2}\right)-\dfrac{[k_2(x,y)-k_1(x,y)]}{2}\cdot \\[2mm]
\qquad q_0\left(1+3\dfrac{a^4}{r^4}\right]\cos 2\theta \\[2mm]
\tau_{r\theta} = \dfrac{[k_1(x,y)-k_2(x,y)]}{2}q_0\left(1-\dfrac{a^2}{r^2}\right)\left(1+3\dfrac{a^2}{r^2}\right)\sin 2\theta
\end{cases}
\qquad (4\text{-}37)
$$

4.3.2 跨采巷道应力及位移状态分析

4.3.2.1 弹性区应力及位移求解

（1）弹性区应力函数求解。

静压下应力函数 φ 只是径向坐标 r 的函数，由于剪应力的影响动压巷道的应力函数 φ 不仅与径向坐标 r 有关，而且还与 θ 有关。采用试算法找到了相对精确的弹性区应力计算公式，即：

$$\varphi=\frac{1}{4}\left[\left(4c_4-\frac{2c_1}{r^2}+2c_2r^2+c_3r^4\right)\cos 2\theta+2\left(2c_5+c_7r^2\right)\ln r+4c_8+2c_4r^2-c_7r^2\right]$$

式中　$c_1 \sim c_8$——待定常数。

该公式应满足极坐标下的协调方程，不计体力时，应力函数与应力分量的关系如下：

$$\begin{cases} \sigma_r=\dfrac{1}{r}\dfrac{\partial \phi}{\partial r}+\dfrac{1}{r^2}\dfrac{\partial^2 \phi}{\partial \theta^2} \\[2mm] \sigma_\theta=\dfrac{\partial^2 \phi}{\partial r^2} \\[2mm] \tau_{r\theta}=-\dfrac{\partial}{\partial r}\left(\dfrac{1}{r}\dfrac{\partial \phi}{\partial \theta}\right) \end{cases} \tag{4-38}$$

在弹性区界面上，岩体服从莫尔-库仑屈服准则，且 $k_1(x,y)<k_2(x,y)<3$ 时，切向应力与径向应力的关系引用孙金山等的结论，有如下关系：

$$\sigma_{\theta e}+\sigma_{re}=2k_2(x,y)q_0+q_0[k_1(x,y)-k_2(x,y)]\cos 2\theta \tag{4-39}$$

由模型基本条件及式（4-38）可以得出：

$$\begin{cases} \sigma_{re}\big|_{r=R_p}=\dfrac{q_0\{2k_2(x,y)+[k_1(x,y)-k_2(x,y)]\cos 2\theta\}-\sigma_c}{1+K} \\[3mm] \sigma_{\theta e}\big|_{r=R_p}=\dfrac{q_0 K\{2k_2(x,y)+[k_1(x,y)-k_2(x,y)]\cos 2\theta\}+\sigma_c}{1+K} \\[3mm] \tau_{r\theta e}\big|_{r=R_p}=0 \end{cases} \tag{4-40}$$

已知围岩无穷远处的应力边界条件为

$$\begin{cases} \sigma_{re}\big|_{r=\infty}=0.5q_0\{k_1(x,y)+k_2(x,y)-[k_1(x,y)-k_2(x,y)]\cos 2\theta\} \\[2mm] \sigma_{\theta e}\big|_{r=\infty}=0.5q_0\{k_1(x,y)+k_2(x,y)+[k_1(x,y)-k_2(x,y)]\cos 2\theta\} \\[2mm] \tau_{r\theta e}\big|_{r=\infty}=0.5q_0[k_1(x,y)-k_2(x,y)]\sin 2\theta \end{cases}$$

$$\tag{4-41}$$

联立以上各式，可以解得应力函数表达式中的 $c_1 \sim c_8$，而由应力函数得到围岩中弹性区的各应力分量的解析式为：

$$\sigma_{re}=\frac{q_0}{2}[k_1(x,y)+k_2(x,y)]-q_0[k_1(x,y)-k_2(x,y)]\cdot$$

$$\left[\frac{R_{\text{p}}^2}{r^2}-\frac{R_{\text{p}}^4}{2r^4}+\left(\frac{1}{2}-\frac{R_{\text{p}}^2}{r^2}+\frac{R_{\text{p}}^4}{2r^4}\right)\cos 2\theta\right]+\psi_1 \tag{4-42}$$

$$\sigma_{\theta e}=\frac{q_0}{2}\left[k_1(x,y)+k_2(x,y)\right]+\frac{q_0}{2}\left[k_1(x,y)-k_2(x,y)\right]\cdot$$

$$\left[\left(1+\frac{R_{\text{p}}^4}{r^4}\right)\cos 2\theta-\frac{R_{\text{p}}^4}{r^4}\right]-\psi_1 \tag{4-43}$$

$$\tau_{r\theta e}=\frac{q_0\left[k_1(x,y)-k_2(x,y)\right]\left[(r^2+2R_{\text{p}}^2)\cos 2\theta-R_{\text{p}}^2\right]\tan 2\theta}{2r^4} \tag{4-44}$$

其中：

$$\psi_1=\frac{R_{\text{p}}^2}{r^2}\frac{q_0\{(1-K)k_2(x,y)+\left[k_1(x,y)-k_2(x,y)\right]\cos 2\theta\}-\sigma_c}{1+K}$$

（2）弹性区位移函数求解。

在巷道围压不相等且有剪应力的情况下，弹性区位移与应力应满足以下关系：

$$\begin{cases}\dfrac{\partial U_e}{\partial r}=\dfrac{1-\mu^2}{E}\sigma_{re}-\dfrac{\mu+\mu^2}{E}\sigma_{\theta e}\\[2mm]\dfrac{U_e}{r}+\dfrac{1}{r}\dfrac{\partial v_e}{\partial \theta}=\dfrac{1-\mu^2}{E}\sigma_{\theta e}-\dfrac{\mu+\mu^2}{E}\sigma_{re}\\[2mm]\dfrac{\partial v_e}{\partial r}+\dfrac{1}{r}\dfrac{\partial U_e}{\partial \theta}-\dfrac{v_e}{r}=\dfrac{2+2\mu}{E}\tau_{r\theta e}\end{cases} \tag{4-45}$$

将已求得的 σ_{re}、$\sigma_{\theta e}$、$\tau_{r\theta e}$ 代入式（4-45），利用边界条件 $U_e\big|_{r\to\infty}=0$、$v_e\big|_{r\to\infty}=0$ 以及在坐标轴处 $\left(\theta=0,\dfrac{\pi}{2},\pi,3\pi/2\right)$ 切向位移 $v_e=0$ 的边界条件，可以解得弹性区径向位移函数为：

$$U_e=\frac{q_0R_{\text{p}}^2(1+\mu)}{6E(1+K)r^3}(\psi_2-\psi_3+\psi_4)+\frac{R_{\text{p}}^2(1+\mu)(1-2\mu)\sigma_c}{E(1+K)r} \tag{4-46}$$

其中：

$$\psi_2=R_{\text{p}}^2\left[k_1(x,y)-k_2(x,y)\right](1+K)$$

$$\psi_3=6r^2\{k_2(x,y)(1-K)(1-2\mu)+\left[k_1(x,y)-k_2(x,y)\right](\mu-1)(1+K)\}$$

$$\psi_4=\left[k_1(x,y)-k_2(x,y)\right]\left[(1+\mu)(1+K)R_{\text{p}}^2+6r^2(\mu K+3\mu-K-2)\cos 2\theta\right]$$

4.3.2.2　塑性软化区位移及应力函数求解

（1）塑性软化区位移函数求解。

该区的边界条件：该区外边界为弹塑性边界为 $r=R_{\text{p}}$，此处应力处于莫尔-库仑强度准则极限状态：$\sigma_{\theta p}=K\sigma_{rp}+\sigma_c$，且在分界面上位移是连续的。

模型认为岩体在塑性软化区处于岩体破坏状态，此时会出现鼓胀，即扩容现象，因此假设在塑性区某点处的两个应变 ε_{rp} 和 $\varepsilon_{\theta p}$，且设塑性软化区的扩容梯度

为定值,根据流动法则,则有:

$$\varepsilon_{rp}/\varepsilon_{\theta p}=\mu'（\mu'为塑性软化区的扩容梯度）$$

显然在该区内边界即 $r=R_1$ 处 $\mu'=1$,试验证明岩体扩容大小与该处的应力状态有关,即 μ' 是 r 的函数,与 θ 无关。为了简化问题一般取 $\mu'=(\mu'_{min}+\mu'_{max})/2=\mu'_0$ 为常数计算。

假定塑性区中的应变呈轴对称分布的,则有以下关系:

$$\frac{\mathrm{d}U_{rp}}{\mathrm{d}r}=\mu'_0\frac{U_{rp}}{r} \tag{4-47}$$

然后利用弹塑性分界面上位移连续的边界条件可以解得塑性软化区内的位移为:

$$U_{rp}=R_p^{1-\mu'_0}Vr^{\mu'_0} \tag{4-48}$$

其中:

$$V=\frac{q_0(1+\mu)}{6E(1+K)}\left\{\left[k_1(x,y)-k_2(x,y)\right](1+K)(8-5\mu)-6k_2(x,y)(1-K)\cdot\right.$$

$$\left.(1-2\mu)+6\left[k_1(x,y)-k_2(x,y)\right](\mu K+3\mu-K-2)\cos 2\theta+\frac{6\sigma_c(1-2\mu)}{q_0}\right\} \tag{4-49}$$

（2）塑性软化区应力函数求解。

根据假定的力学模型,我们可以得知塑性软化区内岩体强度的软化模量为:

$$k_1=\frac{\sigma_c-\sigma_c^*}{\varepsilon_{\theta pR_1}-\varepsilon_{\theta pR_p}} \tag{4-50}$$

式中 σ_c,σ_c^* ——岩体的极限抗压强度和残余强度;

$\varepsilon_{\theta pR_p}$, $\varepsilon_{\theta pR_1}$ ——围岩在弹塑性交界处、塑性软化和残余强度交界处的切向应变。

由三线性应力-应变软化曲线得到塑性软化阶段岩体的抗压强度为:

$$\sigma_{cp}=\sigma_c-k_1(\varepsilon_{\theta p}-\varepsilon_{\theta pR_p}) \tag{4-51}$$

由式（4-48）可知:

$$\begin{cases}\varepsilon_{\theta p}=\dfrac{U_{rp}}{r}=r^{\mu'_0-1}R^{1-\mu'_0}V=\left(\dfrac{R}{r}\right)^{1-\mu'_0}V\\[3mm]\varepsilon_{\theta pR_p}=\dfrac{U_{rpR_p}}{R_p}=V\end{cases} \tag{4-52}$$

将式（4-52）代入式（4-51）可得:

$$\sigma_{cp}=\sigma_c-k_1V\left[\left(\frac{R}{r}\right)^{1-\mu'_0}-1\right] \tag{4-53}$$

将其代入微分方程,利用弹塑性分界面上的应力连续条件 $\sigma_{re}\mid_{r=R_p}=\sigma_{rp}\mid_{r=R_p}$,得到塑性软化区径向应力与切向应力为:

$$\sigma_{rp}=\left\{\frac{q_0\{2k_2(x,y)+[k_1(x,y)-k_2(x,y)]\cos2\theta\}-\sigma_c}{1+K}+\right.$$
$$\left.\frac{-\mu_0'(k'V+\sigma_c)+k'V+K\sigma_c}{(K-1)(K-\mu_0')}\right\}\left(\frac{R_p}{r}\right)^{1-K}+\frac{k'V}{K-\mu_0'}\left(\frac{R_p}{r}\right)^{1-\mu_0'}-\frac{k'V+\sigma_c}{K-1}$$

$$(4\text{-}54)$$

$$\sigma_{\theta p}=\frac{Kk'V}{K-\mu_0'}\left(\frac{R_p}{r}\right)^{1-\mu_0'}-\frac{K(k'V+\sigma_c)}{K-1}+\sigma_c+$$
$$K\left\{\frac{q_0\{2k_2(x,y)+[k_1(x,y)-k_2(x,y)]\cos2\theta-\sigma_c\}}{1+K}+\right.$$
$$\left.\frac{-\mu_0'(k'V+\sigma_c)+k'V+K\sigma_c}{(K-1)(K-\mu_0')}\right\}\left(\frac{R_p}{r}\right)^{1-K}-k'V\left[\left(\frac{R_p}{r}\right)^{1-\mu_0'}-1\right]\quad(4\text{-}55)$$

4.3.2.3 残余强度区位移及应力函数求解

(1) 残余强度区位移函数求解。

该区外边界为弹塑性边界:$r=R_1$(R_1 为残余强度区的半径),此处应力处于莫尔-库仑强度准则极限状态:$\sigma_{\theta t}=K\sigma_{rt}+\sigma_c$,且在分界面上位移是连续的。残余强度区内边界条件为 $\sigma_{rt}\mid_{r=R_0}=p_0$。

因为前面我们假定塑性区中的应变是呈对称分布的,那么有:

$$\frac{\mathrm{d}U_{rt}}{\mathrm{d}r}=\mu_0\frac{U_{rt}}{r}\quad(4\text{-}56)$$

式中,μ_0^* 为残余强度区的扩容梯度,利用塑性软化区和残余强度区分界面上的位移连续条件得到残余强度区中的位移为:

$$U_{rt}=Vr\left(\frac{R_p}{R_1}\right)^{1-\mu_0'}\left(\frac{R_1}{r}\right)^{1-\mu_0^*}\quad(4\text{-}57)$$

(2) 残余强度区应力函数求解。

将莫尔-库仑屈服条件 $\sigma_{\theta t}=K\sigma_{rt}+\sigma_c$ 代入平衡微分方程,然后利用残余强度区内边界条件 $\sigma_{rt}\mid_{r=R_0}=p_0$,可以得到残余强度区中径向与切向应力为:

$$\begin{cases}\sigma_{rt}=\dfrac{(K-1)p_0+\sigma_c^*}{K-1}\left(\dfrac{R_0}{r}\right)^{1-K}+\dfrac{\sigma_c^*}{1-K}\\[2mm]\sigma_{\theta t}=K\dfrac{(K-1)p_0+\sigma_c^*}{K-1}\left(\dfrac{R_0}{r}\right)^{1-K}+\dfrac{K\sigma_c^*}{1-K}+\sigma_c^*\end{cases}\quad(4\text{-}58)$$

4.3.2.4 塑性区范围的求解

由式(4-50)可知:

$$\varepsilon_{\theta pR_1}-\varepsilon_{\theta pR_p}=\frac{\sigma_c-\sigma_c^*}{k'}\quad(4\text{-}59)$$

$\varepsilon_{\theta pR_p}$ 和 $\varepsilon_{\theta pR_1}$ 可由式(4-46)和式(4-57)计算得到:

$$\begin{cases} \varepsilon_{\theta pR_p} = V \\ \varepsilon_{\theta pR_1} = V \left(\dfrac{R_p}{R_1} \right)^{1-\mu_0'} \end{cases} \tag{4-60}$$

联立以上各式得:

$$\frac{R_p}{R_1} = \left(\frac{\sigma_c - \sigma_c^*}{k'V} + 1 \right)^{\frac{1}{1-\mu_0'}} \tag{4-61}$$

根据塑性软化区与残余强度区分界面上的应力连续条件可以得知:

$$\frac{R_0}{R_1} = \left[\frac{(K-1)\psi_5}{(K-1)p_0 + \sigma_c^*} \right]^{\frac{1}{1-K}} \tag{4-62}$$

其中:

$$\psi_5 = \left(\frac{R_p}{R_1} \right)^{1-\mu_0'} \frac{Kk'V}{K-\mu_0'} - \frac{k'V+\sigma_c}{K-1} + \frac{\sigma_c^*}{K-1} + \left(\frac{R_p}{R_1} \right)^{1-K}$$

$$\left\{ \frac{q_0\{2k_2(x,y) + [k_1(x,y)-k_2(x,y)]\cos 2\theta\} - \sigma_c}{1+K} + \right. \tag{4-63}$$

$$\left. \frac{-\mu_0'(k'V+\sigma_c)+k'V+K\sigma_c}{(K-1)(K-\mu_0')} \right\}$$

联立式(4-61)和式(4-62)得到残余强度区和塑性软化区的边界线公式分别为:

$$R_p = R_0 \left(\frac{\sigma_c - \sigma_c^*}{k'V} + 1 \right)^{\frac{1}{1-\mu_0'}} \left[\frac{(K-1)\psi_5}{(K-1)p_0 + \sigma_c^*} \right]^{\frac{1}{K-1}} \tag{4-64}$$

$$R_1 = R_0 \left[\frac{(K-1)\psi_5}{(K-1)p_0 + \sigma_c^*} \right]^{\frac{1}{K-1}} \tag{4-65}$$

当 $r = R_0$ 时,可得到巷道表面的径向位移为:

$$U_0 = VR_0 \left(\frac{R_p}{R_1} \right)^{1-\mu_0'} \left(\frac{R_1}{R_0} \right)^{1-\mu_0^*} \tag{4-66}$$

4.3.3 不同煤层开采时底板巷道围岩应力位移分析

根据淮北矿业(集团)有限责任公司海孜煤矿 86 采区轨道上山的工程地质条件可知,取埋深 400 m(围压约 10 MPa)计算,巷道半径 $R_0 = 2$ m,岩体弹性模量 $E = 1$ GPa,泊松比 $\mu = 0.25$,黏聚力 $\sigma_c = 10$ MPa,$\sigma_c^* = 2$ MPa,$\varphi = \pi/6$,岩体软化模量 $k_1' = k' = 1.5$ GPa,$\mu_0' = -5$,$\mu_0^* = -2$,巷道表面支护力 $p_0 = 0.1$ MPa,$\theta = 0$。

4.3.3.1 底板巷道围岩塑性区变化规律分析

(1) 不受采动影响时底板巷道围岩塑性区范围。

根据式(4-27),代入围岩参数,即可求得底板巷道围岩塑性软化区半径及残

余区半径分别为 $R_p = 3.47$ m，$R_1 = 3.29$ m。

（2）开采 7 煤时底板巷道围岩塑性区范围。

根据式(4-64)，再代入 7 煤工作面开采时底板巷道围岩的应力，即可得到开采 7 煤时塑性区的变化规律，但由于巷道围岩不是理想的弹塑性体，因而塑性区具有不可逆性，所以求解塑性区时只算到应力集中系数的最大值为止，此时 $k_1 = 1.28$，$k_2 = 0.9$，即可求得底板巷道围岩的塑性软化区及残余区半径分别为 $R_p = 3.82$ m，$R_1 = 3.66$ m，比不受采动影响时巷道围岩的塑性软化区及残余区半径分别增加了 0.35 m、0.19 m。

（3）开采 9 煤时底板巷道围岩塑性区范围。

根据式(4-64)，依照开采 7 煤时塑性区的计算方法，即可计算出开采 9 煤时底板巷道围岩塑性软化区及残余区的半径分别为 $R_p = 4.62$ m，$R_1 = 4.40$ m，比不受采动影响时底板巷道的塑性软化区及残余区半径分别增加了 0.8 m、0.93 m。

4.3.3.2　底板巷道围岩应力分布规律分析

（1）不受采动影响时底板巷道围岩应力分布规律分析。

由式(4-8)、式(4-19)、式(4-23)及式(4-25)，再代入底板巷道围岩相关参数，即可以绘出巷道围岩残余强度区、塑性软化区、弹性区的应力分布图，分别如图 4-14～图 4-16 所示，将围岩三区应力分布综合起来如图 4-17 所示。

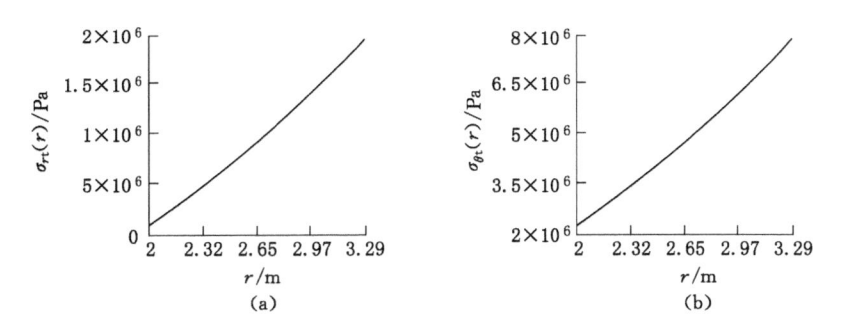

图 4-14　围岩残余强度区应力分布
(a) 径向应力；(b) 切向应力

由图 4-14～图 4-17 可知：

① 巷道在不受采动影响时的径向应力变化规律。围岩残余强度区内径向应力随着远离巷道表面逐渐增大，至残余强度区与软化区分界面处值为 2 MPa；围岩塑性软化区内径向应力随着远离巷道表面逐渐增大，至塑性软化区与弹性区分界面处值为 2.5 MPa；围岩弹性区内径向应力随着远离巷道表面继续增大，

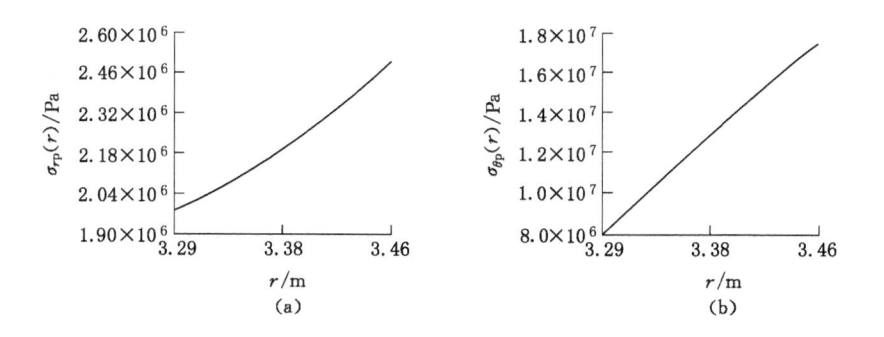

图 4-15 围岩塑性软化区应力分布

(a) 径向应力；(b) 切向应力

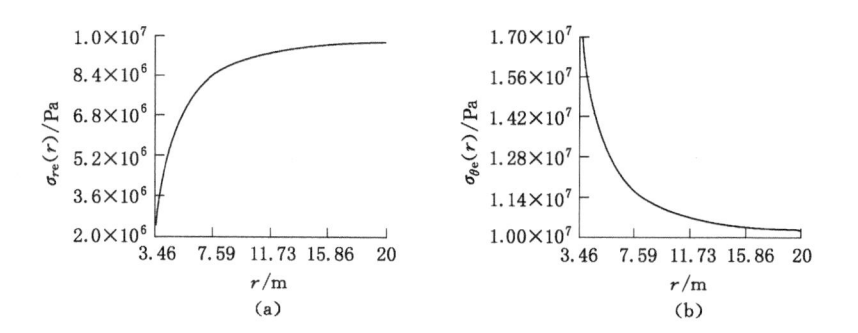

图 4-16 围岩弹性区应力分布

(a) 径向应力；(b)切向应力

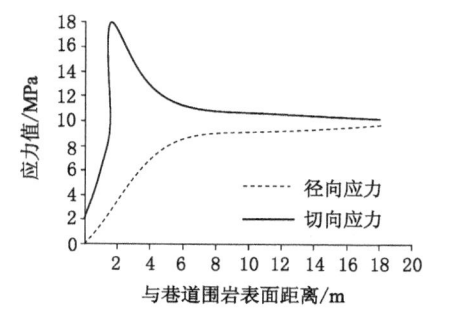

图 4-17 静压巷道围岩应力分布

最后恢复至原岩应力 10 MPa。

②巷道在不受采动影响时的切向应力变化规律。围岩残余强度区内切向应力随着远离巷道表面逐渐增大,至残余强度区与软化区分界面处值为 8 MPa;围岩塑性软化区内切向应力随着远离巷道表面继续增大,至塑性软化区与弹性区分界面处切向应力达到最大值为 18 MPa;围岩弹性区内切向应力随着远离巷道表面开始减小,最后趋近于原岩应力 10 MPa。

（2）开采 7 煤时底板巷道围岩应力分布。

由式（4-42）～式（4-44）及式（4-58）,再代入底板巷道围岩相关参数,绘出巷道围岩残余强度区、塑性软化区以及弹性区的应力分布分别如图 4-18～图 4-20 所示,将巷道围岩三区应力分布综合起来如图 4-21 所示。

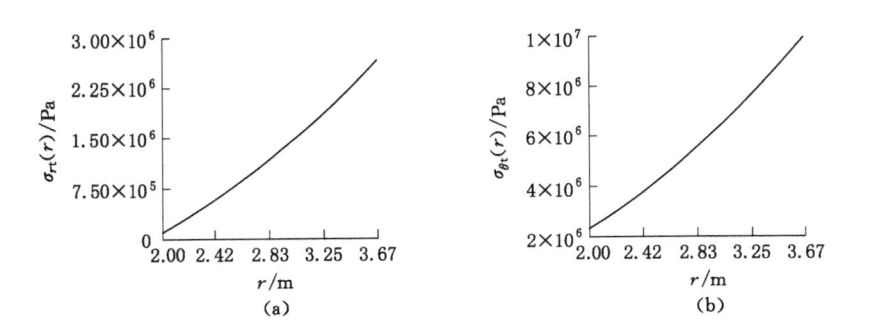

图 4-18　围岩残余强度区应力分布

（a）径向应力;（b）切向应力

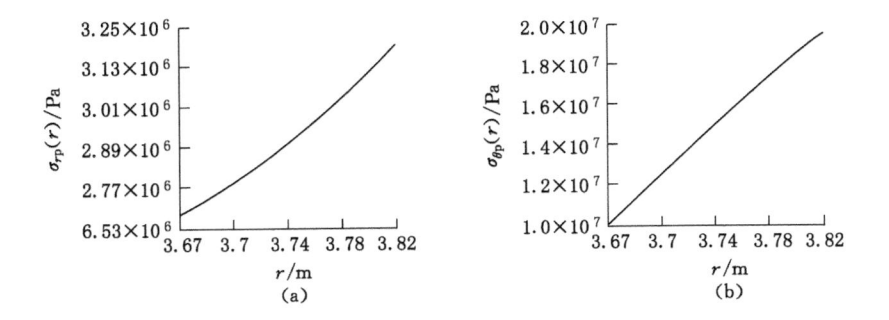

图 4-19　围岩塑性软化区应力分布

（a）径向应力;（b）切向应力

由图 4-17～图 4-21 可知:

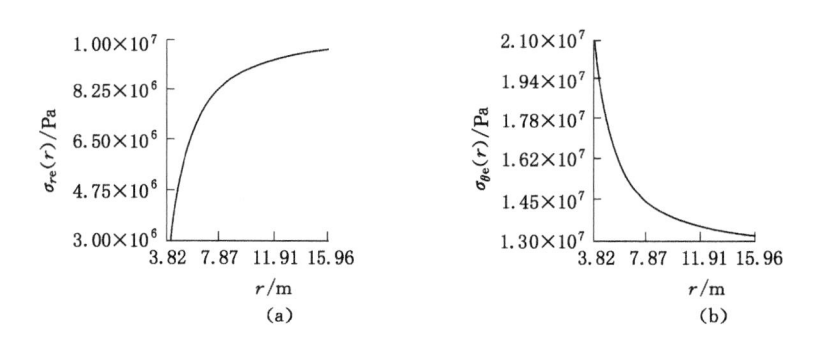

图 4-20 围岩弹性区应力分布

（a）径向应力；（b）切向应力

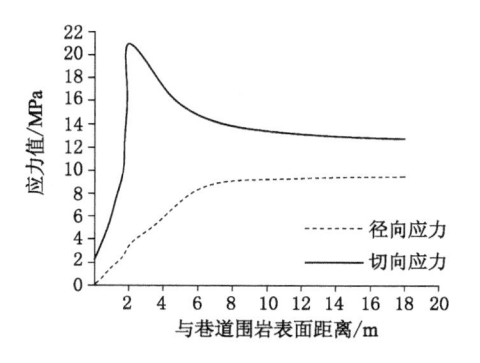

图 4-21 7 煤采动影响时巷道围岩应力分布

① 开采 7 煤时底板巷道围岩的径向应力变化规律。围岩残余强度区内径向应力随着远离巷道表面逐渐增大，至残余强度区与软化区分界面处值为 2.65 MPa，比不受采动影响时增加了 0.65 MPa；围岩塑性软化区内径向应力随着远离巷道表面逐渐增大，至塑性软化区与弹性区分界面处值为 3.25 MPa，比不受采动影响时增加了 0.75 MPa；围岩弹性区内径向应力随着远离巷道表面继续增大，最后恢复至原岩应力 10 MPa。

② 开采 7 煤时底板巷道围岩的切向应力变化规律。围岩残余强度区内切向应力随着远离巷道表面逐渐增大，至残余强度区与软化区分界面处值为 10 MPa，比不受采动影响时增加了 2 MPa；围岩塑性软化区内切向应力随着远离巷道表面继续增大，至塑性软化区与弹性区分界面处切向应力达到最大值为 21 MPa，比不受采动影响时增加了 3 MPa；围岩弹性区内切向应力随着远离巷

道表面而开始减小,最后趋近于原岩应力 10 MPa。

（3）开采 9 煤时底板巷道围岩应力分布。

由式(4-42)~式(4-44)及式(4-58),再代入底板巷道围岩相关参数,绘出底板巷道围岩残余强度区、塑性软化区以及弹性区的应力分布图分别如图 4-22~图 4-24 所示,将巷道围岩三区应力分布综合起来如图 4-25 所示。

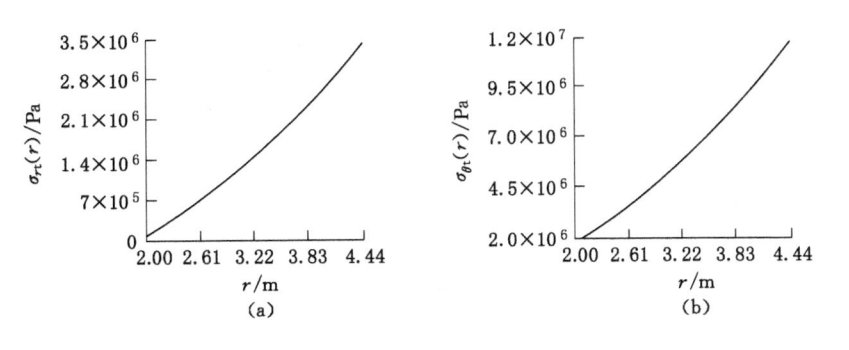

图 4-22　围岩残余强度区应力分布

（a）径向应力;（b）切向应力

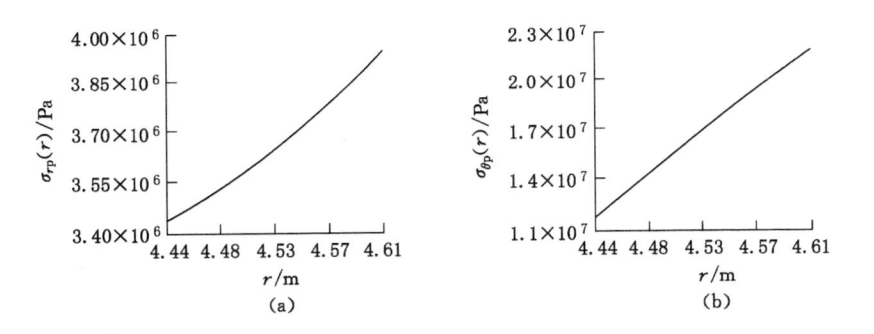

图 4-23　围岩塑性软化区应力分布

（a）径向应力;（b）切向应力

由图 4-22~图 4-25 可知:

① 开采 9 煤时底板巷道围岩的径向应力变化规律。围岩残余强度区内径向应力随着远离巷道表面而逐渐增大,至残余强度区与软化区分界面处值为 3.5 MPa,比不受采动影响时增加了 1.5 MPa;围岩塑性软化区内径向应力随着远离巷道表面而逐渐增大,至塑性软化区与弹性区分界面处值约为 4 MPa,比不受采动影响时增加了 1.5 MPa;围岩弹性区内径向应力随着远离巷道表面继续

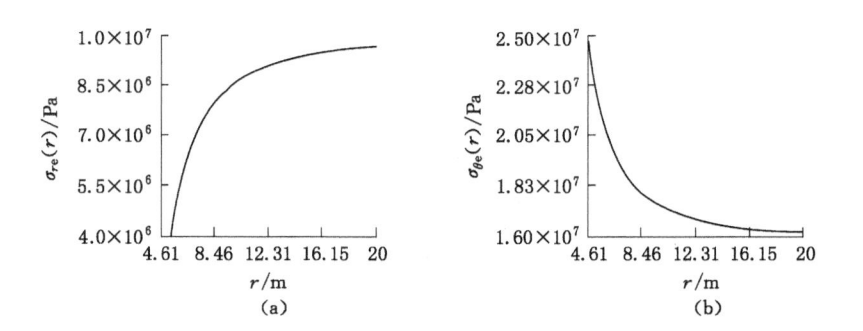

图 4-24 围岩弹性区应力分布

（a）径向应力；（b）切向应力

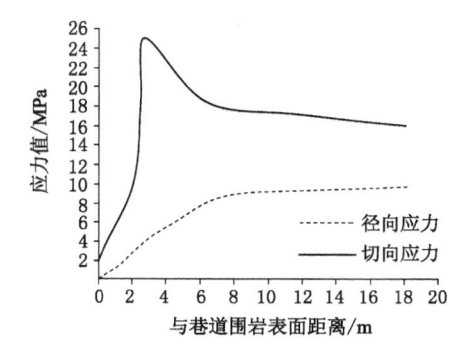

图 4-25 9 煤采动影响时巷道围岩应力分布

增大，最后恢复至原岩应力 10 MPa。

② 开采 9 煤时底板巷道围岩的切向应力变化规律。围岩残余强度区内切向应力随着远离巷道表面而逐渐增大，至残余强度区与软化区分界面处值为 12 MPa，比不受采动影响时增加了 4 MPa；围岩塑性软化区内切向应力随着远离巷道表面而继续增大，至塑性软化区与弹性区分界面处切向应力达到最大值为 25 MPa，比不受采动影响时增加了 7 MPa；围岩弹性区内切向应力随着远离巷道表面开始减小，最后趋近于原岩应力 10 MPa。

4.3.3.3 底板巷道围岩位移变化规律分析

（1）不受采动影响时底板巷道围岩位移。

根据式（4-22）代入围岩参数，即可求得底板巷道围岩位移量（以下也称变形量）为 34 mm。

（2）开采 7 煤时底板巷道围岩位移。

根据式（4-66），代入 7 煤工作面开采时底板巷道围岩的应力，即可得到开采 7 煤时底板巷道围岩的位移量，但是巷道围岩位移量也是不可逆量，只计算至应力集中系数最大值，此时 $k_1 = 1.28, k_2 = 0.9$，就可求得巷道围岩位移量为 65.1 mm，此时巷道围岩位移量比不受采动影响时的位移增大了 31.1 mm。

（3）开采 9 煤时底板巷道围岩位移。

根据式（4-66），依照开采 7 煤时位移量的计算方法，即可计算出开采 9 煤时底板巷道围岩位移量为 179.3 mm，比不受采动影响时的位移量大 145.3 mm，相比 7 煤采动时的巷道围岩位移量增加了 114.2 mm。

4.3.3.4　支护阻力对底板巷道的加固作用分析

以 9 煤开采为例，主应力集中系数最大时，巷道围岩位移量随着支护阻力变化的关系如表 4-1 及图 4-26 所示。

表 4-1　　　　　　　　　支护阻力与围岩变形关系表

支护阻力/MPa	0.1	0.2	0.3	0.4	0.5
巷道围岩位移量/mm	179.3	151.7	130.6	113.9	100.9

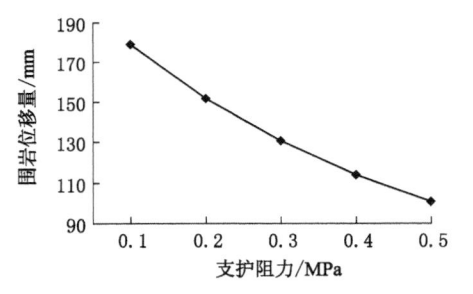

图 4-26　支护阻力与巷道围岩位移关系

由图 4-26 可知：当支护阻力为 0.1 MPa 时，巷道围岩的位移量为 179.3 mm；当支护阻力为 0.3 MPa 时，巷道围岩位移量为 130.6 mm；当支护阻力为 0.5 MPa 时，巷道围岩位移量为 100.9 mm。虽然随着支护阻力的增大，巷道围岩位移量在逐渐减小，但是其减小幅度也是逐渐下降的。由此可知，如果想要更好地控制围岩，仅依靠提高支护阻力的方法是不行的，而且提高支护阻力也是非常困难的，因此必须从提高围岩本身强度作为控制巷道围岩的出发点，如锚注支护技术。

4.4 本章小结

本章将底板采动支承压力与受其影响下的底板巷道围岩应力集中系数有机结合在一起,并在此基础上考虑岩石应力-应变软化特性,建立了跨采动压巷道力学模型,分析了7煤、9煤推进时的巷道围岩应力及位移等的变化规律,主要得出以下结论:

(1) 建立了底板巷道围岩主应力集中系数力学模型,并据此得出:① 底板巷道围岩主应力随着与上方工作面水平距离的缩短而逐渐增大,当底板巷道与上方工作面垂直距离越小时,其相同水平距离时的主应力值越大。② 当上方工作面跨采过底板巷道一段距离后,巷道围岩的主应力开始逐渐减小。③ 分别绘出7煤、9煤采动时的底板巷道围岩应力主轴角的变化范围,得出9煤采动时的应力主轴角的变化范围大于7煤采动时的巷道围岩的应力主轴角的变化范围。

(2) 建立了受采动影响的跨采巷道力学模型,并据此得出:① 开采7煤时底板巷道围岩塑性软化区与残余区半径分别为3.82 m、3.66 m,巷道围岩位移量为65.1 mm,随着远离巷道表面,径向应力逐渐恢复至原岩应力,而切向应力在巷道围岩弹塑性边界处达到最大值为21 MPa,切向应力集中系数为1.16,最后随着远离巷道表面而趋于原岩应力。② 开采9煤时底板巷道围岩塑性软化区与残余区半径分别为4.62 m、4.40 m,巷道围岩位移量为179.3 mm,随着远离巷道表面,径向应力逐渐恢复至原岩应力,而切向应力在巷道围岩弹塑性边界处达到最大值为25 MPa,切向应力集中系数为1.39,最后随远离巷道表面而趋于原岩应力。③ 随着支护阻力的增大,巷道围岩位移量逐渐减小,但其减小的幅度也是下降的,这说明仅依靠提高支护阻力是不能有效控制巷道围岩变形的,还必须从提高巷道围岩自身的强度出发。

5 采动支承压力对底板巷道稳定性影响的相似材料模拟研究

　　相似材料模拟试验是以相似理论为基础的模型试验技术,通过观测模型的变形、位移、破坏、受载、应力分布等来分析和解决现场实际问题,是研究采动支承压力在底板中传播规律及其对底板巷道稳定性影响的重要手段。实验室相似模拟可人为地控制和改变试验条件,从而确定单因素或多因素的影响,具有试验效果清楚直观、快速经济等优点。相似模拟与现场观测、计算机数值模拟的有机结合,有利于深入全面地认识和掌握采场底板应力传播规律及其对底板巷道稳定性的影响。

5.1　相似材料模拟试验原理

　　相似材料模拟方法的实质就是根据相似原理,将矿井的煤层综合柱状岩层按照一定的比例用相似材料堆制成模型,然后对模型中的煤层按实际情况进行开采,观测相似模型上的岩层由于煤层开挖引起的移动、变形和破坏情况,从而根据模型上的移动变形情况来分析、推断实地煤层上覆岩层在开采时所产生的变形破坏情况。

　　相似理论的理论基础是相似三定理。

　　相似第一定理:过程相似,则相似准数不变,相似指标为1;

　　相似第二定理:描述相似现象的物理方程均可变成相似准数组成的综合方程,现象相同,其综合方程必须相同;

　　相似第三定理:在几何相似系统中,具有相同文字的关系方程式,单值条件相似,且由单值条件组成的相似准数相等,则此两现象是相似的。

　　本次相似模拟试验关键物理量的取值范围及关系应满足如下几点:

　　(1)几何相似要求模型与原型的几何形状相似,二者的几何尺寸(包括长、宽、高)均保持一定的比例。即:

$$C_l = \frac{l_p}{l_m} \tag{5-1}$$

式中　C_l——几何相似比；

　　　l_p——原型长度；

　　　l_m——模型长度。

（2）动力学相似要求模型与原型中所有对应点时间保持一定比例，即：

$$C_t = \frac{T_p}{T_m} \tag{5-2}$$

式中　C_t——时间相似比；

　　　T_p——原型中各对应点完成沿相似的轨道运动所需的时间；

　　　T_m——模型中各对应点完成沿相似的轨道运动所需的时间。

（3）根据牛顿定律和岩层移动相似准数导出方法，可以得出时间相似比与几何相似比的关系为：

$$C_t = \sqrt{C_l} \tag{5-3}$$

（4）由平衡微分方程可求得相似指标，即满足下列条件：

$$C_\sigma = C_\gamma C_l \tag{5-4}$$

式中　C_σ——应力相似比；

　　　C_γ——容重相似比。

（5）$\mu' = \mu''$，即 $C_\mu = 1$。

5.2　工程地质条件

5.2.1　巷道基本条件

淮北矿业（集团）有限责任公司海孜煤矿 86 采区轨道上山位于海孜煤矿井田中部，设计在 9 煤底板施工，见图 5-1。巷道距 9 煤平均距离为 20 m 左右，岩层主要岩性为细砂岩、泥岩、铝质泥岩和紫斑泥岩。煤岩层总体为单斜构造，产状为 5°～15°，平均倾角为 12°。86 采区轨道上山岩层综合柱状图如图 3-2 所示。轨道上山巷道断面为半圆拱形，净宽为 4 m，净高为 3.5 m；轨道上山原设计均采用锚网喷支护，锚杆间排距为 800 mm×800 mm，喷层厚度为 100 mm。

5.2.2　围岩物理力学性质测试

5.2.2.1　测试内容

测试内容为煤、巷道顶板、底板岩石的力学性质，即 7 煤、9 煤、巷道顶板、底

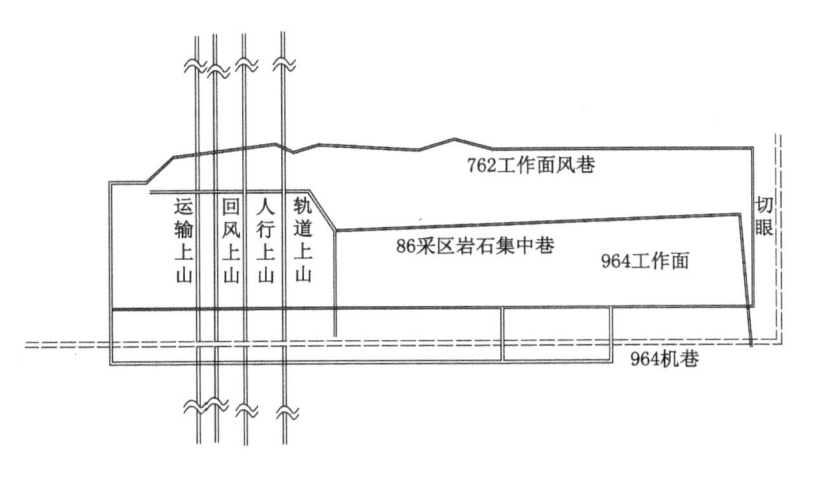

图 5-1　86 采区平面图

板岩石的单轴抗压强度、单向抗拉强度、弹性模量、泊松比、黏聚力、内摩擦角等。

5.2.2.2　测试试件标准

（1）单轴抗压强度、弹性模量以及泊松比测试试件要求。

标准试件采用圆柱体，直径为 50 mm（允许变化范围为 48～52 mm），高度为 100 mm（允许变化范围为 95～102 mm），如图 5-2 所示；当圆柱体试件制备困难时，采用 50 mm×50 mm×100 mm 的方柱体。

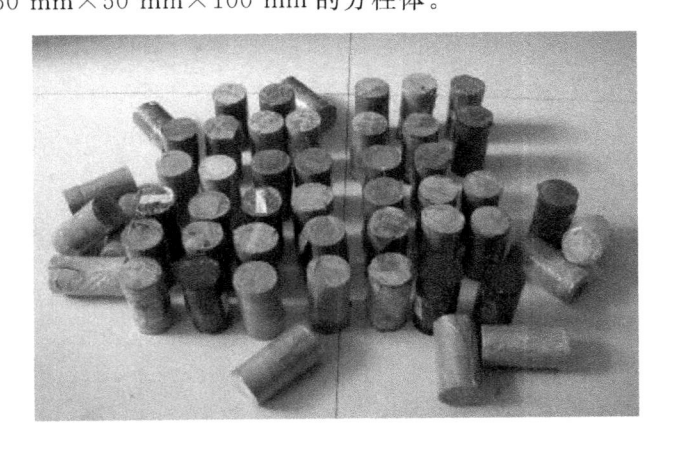

图 5-2　圆柱形标准试件

（2）黏聚力、内摩擦角测试试件要求。

标准试件采用立方体，规格为 50 mm×50 mm×50 mm，要求试件各边长偏差不得超过＋0.3 mm 和－0.1 mm；两端面不平行度不大于 0.1 mm。

（3）单向抗拉强度测试试件要求。

试件为圆饼形，规格为 $\phi50$ mm×25 mm，试件样尺寸允许变化范围不超过5%。

5.2.2.3 试验结果

测得的岩石物理力学性质汇总见表5-1。

表 5-1　　　　　　　　　　煤岩力学性质试验结果

岩 性	黏聚力 /MPa	内摩擦角 /(°)	单轴抗压强度 /MPa	弹性模量 /GPa	泊松比	抗拉强度 /MPa
砂岩	12.76	36.60	86.09	21.66	0.22	15.28
泥岩	2.83	46.70	26.13	8.13	0.25	3.07
7煤	0.75	43.60	15.53	4.01	0.28	1.05
铝质泥岩	3.52	40.60	58.72	15.88	0.23	8.12
泥岩	3.35	41.20	54.32	14.41	0.24	8.02
9煤	0.70	43.90	9.89	3.62	0.29	0.97
泥岩	2.23	41.10	26.82	8.57	0.25	3.50
砂岩	10.82	38.24	60.76	18.93	0.23	11.40

5.3 相似模型的建立

5.3.1 相似条件

5.3.1.1 几何相似

此试验的几何相似比选择 $C_l = l_p / l_m = 40$。

5.3.1.2 动力相似

根据试验中选用的相似材料以及我国煤矿岩石的密度，容重相似比为 $C_\gamma = C_\rho = \rho_p / \rho_m = 1.7$。

5.3.1.3 应力相似

从理论得知 $C_\sigma = \sigma_p / \sigma_m = C_l C_\gamma = 68$。

由于泊松比为无量纲的参数，因此，相似材料的泊松比要与岩石的泊松比相同。

5.3.2 相似材料与配比的选择

用相似材料模拟岩层时，所用相似材料的性质和成分应随着模拟岩层的类

型不同而变化。煤矿地下岩层种类繁多,力学及变形性质差异很大,对于材料的要求应满足以下条件:

(1) 材料的某些力学特性与岩石的力学特性相似;

(2) 力学性能稳定,不易受外界条件的影响,要求材料的收缩性小,内应力小;

(3) 调节材料的配比,较易获得不同的力学特性;

(4) 模型制作方便,成型快;

(5) 对人体无害,成本低,货源足。

根据这些原则,综合原型中各模拟岩层单轴抗压强度和几何相似比,先得出模型中各模拟岩层抗压强度,再根据大量的相似材料正交配比试验(图 5-3 为所做的一组相似材料配比试验中的试件以及单轴抗压试件),最终得出模型中各岩层的配比号(表 5-2)。

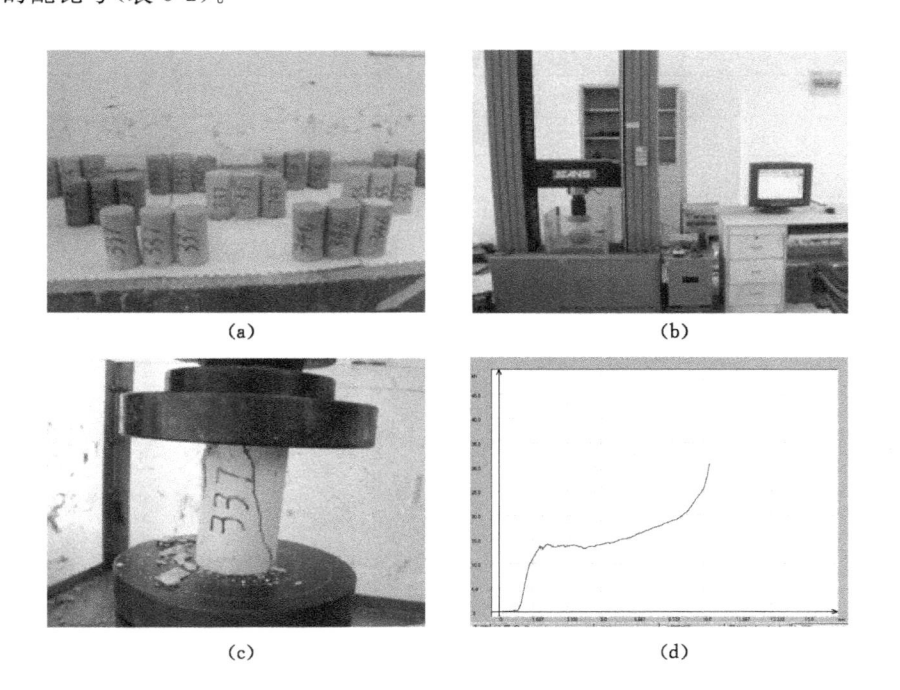

(a)   (b)

(c)   (d)

图 5-3　相似材料配比试验

(a) 相似材料试件一;(b) 试件加载试验一;(c) 相似材料试件二;(d) 试件加载试验二

各分层材料用量按下式计算:

$$G = lbh\rho_{\text{p}}$$

式中　G——模型分层材料总质量；

　　　l——模型长度；

　　　b——模型宽度；

　　　h——模拟分层厚度；

　　　ρ_P——该模拟岩层的密度。

各岩层的配比和用料如表 5-2 所列。

表 5-2　　　　　　　　　　　　各岩层配比和用量

	岩性	埋深/m	层厚/m	试验厚度/cm	位置标量	需要总质量/kg	配比号	沙子质量/kg	石灰质量/kg	石膏质量/kg
1	砂岩		5.22	130.5	330.5	283.97	973	255.57	19.87	8.52
2	铝质泥岩	456.78	2.99	74.8	405.3	162.66	437	65.06	29.27	68.32
3	砂岩	453.79	6.68	167.0	572.3	363.39	973	327.05	25.43	10.90
4	泥岩	447.11	5.55	138.8	711.1	301.92	337	90.58	63.40	147.94
5	83 煤	441.56	0.82	20.5	731.6	44.61	755	31.23	6.691	6.69
6	泥岩	440.74	2.58	64.5	796.1	140.35	337	42.11	29.47	68.77
7	9 煤	438.16	3.57	89.3	885.4	194.21	755	135.94	29.13	29.13
8	泥岩	434.59	1.92	48.0	933.4	104.45	337	31.33	21.93	51.18
9	8 煤	432.67	0.77	19.3	952.7	41.89	755	29.32	6.278	6.28
10	砂岩	431.9	20.13	347.3	1 300	755.73	973	680.15	52.9	22.67
11	7 煤	410.25	2.22	55.5	1 355.5	120.77	755	84.54	18.11	18.12
12	泥岩	411.77	1.52	38.0	1 393.5	82.69	337	24.81	17.36	40.52
13	砂岩	431.9	20.13	156.0	1 549.5	339.46	973	305.51	23.76	10.18
14	泥岩	408.03	1.5	37.5	1 587	81.60	337	24.48	17.14	39.98
15	粉砂岩	406.53	1.84	46.0	1 633	100.10	973	90.09	7.007	3.00
16	砂岩	404.69	4.97	1 24.3	1 757	270.37	973	243.33	18.93	8.11
17	泥岩	399.72	1.72	43.0	1 800	93.57	337	28.07	19.65	45.85

5.3.3　模型制作方法

模型制作以待模拟现场工作面的地质力学参数及采矿条件为原型，综合考虑实验条件，将部分表土层的自重应力场补偿为均布载荷，满足相当于在原型 398 m 覆盖层下进行开采作业的条件。模型试验台尺寸为 320 cm×185 cm×40 cm 的钢架，模型中使用国内先进的 WY 300Ⅳ型液压稳压加载系统，该系统是由上部 7 个液压千斤顶和两侧各 4 个液压千斤顶组成。通过厚度为 2 cm 的钢板均匀地作用在模型上部,对上覆模拟岩层形成均匀载荷,模型在变形过程中,液压稳压源可自动补液,从而实现上部岩层载荷恒定不变。

为了更好地了解巷道受到上覆煤层开采影响的破坏规律,对轨道上山进行模拟,为了观测巷道不同支护方式的效果,我们选取了一条对比试验巷道,取巷道断面统一大小为巷道宽 4 m、高 3.5 m,如图 5-4 和图 5-5 所示。

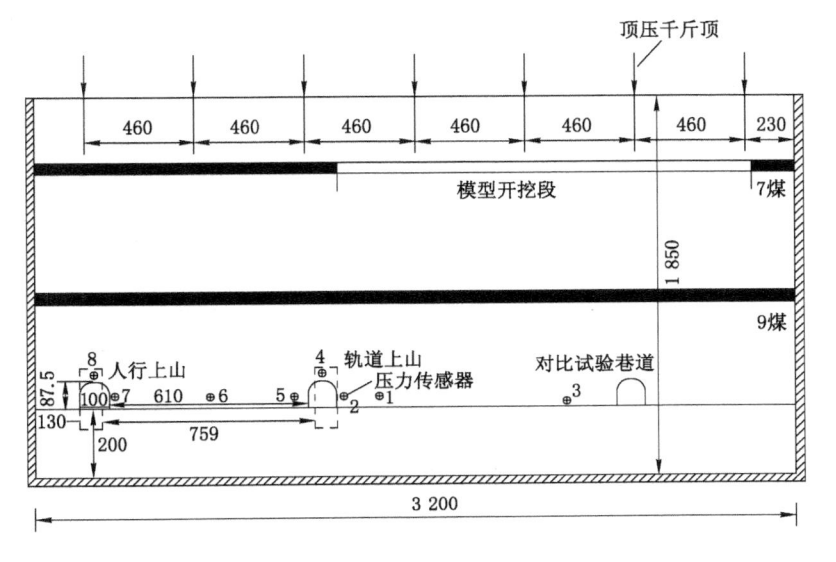

图 5-4　试验设计模型

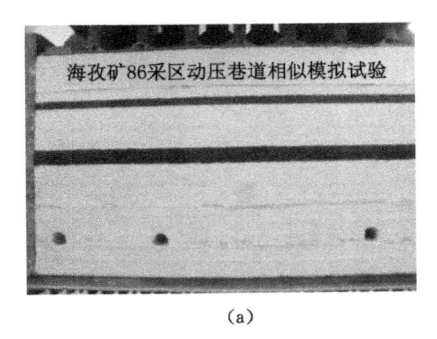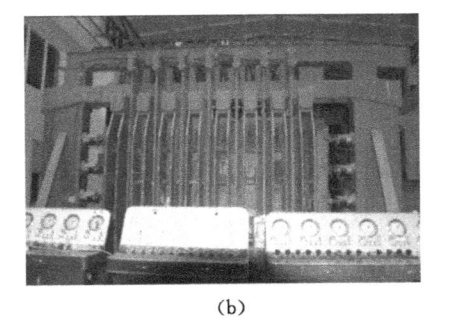

（a）　　　　　　　　　　　　　（b）

图 5-5　试验加载装置

5.3.4 模型测试技术

（1）铺设模型时在模型中巷道不同位置埋设相当数量的压力传感器，测量因开采引起的巷道围岩内部应力变化。

（2）模型铺设完毕后，在巷道不同位置布置相当数量的位移传感器，以测量巷道顶底板和帮部位移。

（3）煤层每开采一刀记录下压力传感器及位移传感器的读数，并适时采集图片。

（4）本模型中的巷道采用锚杆支护方式。在查阅了大量的文献资料后，模型锚杆决定采用 $\phi19$ mm 保险丝，长度为 100 mm，锚索选用 $\phi22$ mm 保险丝，长度为 300 mm，锚固剂选用石膏和聚醋酸乙烯乳液，锚杆托盘选用 10 mm×10 mm×0.5 mm 的薄铁皮。

5.4　相似模拟结果分析

5.4.1　7 煤采动时底板巷道围岩应力及位移变化规律

5.4.1.1　7 煤采动时的底板巷道围岩应力状态

当 7 煤回采完毕后，根据轨道上山所埋设压力盒记录的数据，绘制成图表，如图 5-6 所示。

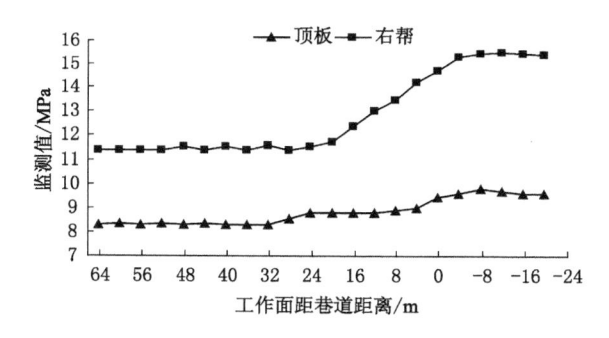

图 5-6　轨道上山应力变化规律

由图 5-6 可知轨道上山帮部和顶板围岩的应力变化规律。

右帮：当 7 煤工作面距离轨道上山大于等于 24 m 时，帮部垂直应力值没有变化，为 11.4 MPa；当工作面推进到距离轨道上山 24 m 时，右帮垂直应力开始增大,直至工作面推进到距离轨道上山 12 m,垂直应力增长速度缓慢,此时右帮处的垂直应力值为 12.2 MPa;工作面推进到距离轨道上山 12 m 至工作面跨采过轨道上山 4 m 期间,巷道变形斜率最大,说明此段时间内,巷道应力变化速度最快,巷道受到上方工作面回采的影响最大;当工作面跨采过轨道上山 4 m 后,垂直应力的增长速度开始放缓直至为零,应力峰值出现在工作面跨采过轨道上山 12 m 时,为 15.48 MPa,应力集中系数为 1.26。

顶板:巷道初掘进时,围岩应力重新分布,顶板处的浅部围岩处于卸压状态,初始值为 8.4 MPa,当 7 煤工作面回采至距离轨道上山 20 m 时,顶板测点垂直应力值开始增加,至工作面回采至巷道 8 m 时,应力值缓慢增长;工作面推进到距离轨道上山 8 m 至跨采过轨道上山 8 m 期间,应力增长速度开始加快,应力峰值达到最高点 9.8 MPa;之后垂直应力增长速度又逐渐减小,说明工作面跨采过轨道上山后,轨道上山处于应力降低区,顶板的垂直应力值也随之减小。

5.4.1.2 回采 7 煤时的底板巷道位移变化规律

利用位移计,测量 7 煤工作面推进期间,底板巷道围岩的位移变化规律。轨道上山与对比试验巷道的位移变化值分别如图 5-7、图 5-8 所示。

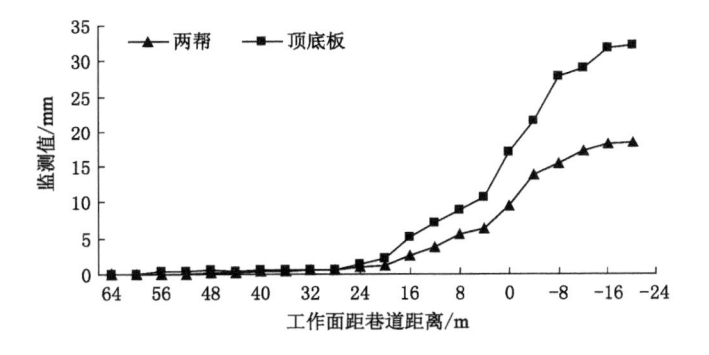

图 5-7 轨道上山位移变化图

(1) 轨道上山。

由图 5-7 可知:7 煤工作面回采时,工作面相对巷道距离由远及近至跨采过巷道期间,巷道围岩位移变化经历了四个阶段。

① 顶底板变形量:第一阶段,工作面推进至距离轨道上山 24 m 前,巷道顶板测点变形量为 0;第二阶段,工作面推进到距离轨道上山 24 m 至 4 m 期间,轨道上山开始受到工作面采动的影响,但是变形量不大,此时变形量为 11 mm;第三阶段,工作面推进到距离轨道上山 4 m 处至工作面跨采过轨道上山 8 m 期间,轨道上山变形量的斜率最大,说明此段时间内,轨道上山围岩的位移

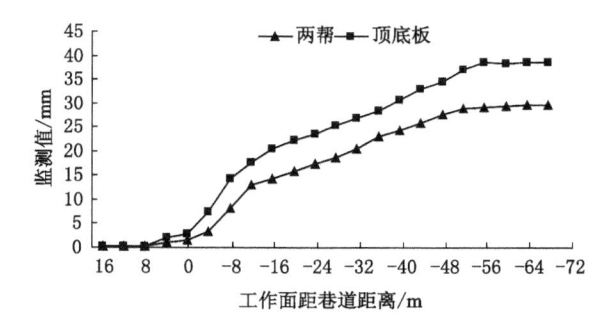

图 5-8　对比试验巷道位移变化图

量变化速度最快,轨道上山受到上方工作面采动的影响最大,最大变形速度为 3 mm/d;第四阶段,工作面跨采过轨道上山 8 m 后,轨道上山顶底板变形量一直在增大,但是变形速度开始放缓,说明轨道上山受到上方工作面采动的影响逐渐减小,至工作面停采时,顶底板变形量最大为 32 mm。

　　② 两帮变形量:第一阶段,工作面与轨道上山之间的水平距离大于 24 m 时,巷道两帮处的测点变形量为 0;第二阶段,工作面推进到距离轨道上山 24 m 至 4 m 期间,轨道上山开始受到工作面采动的影响,但是变形量不大,最大为 6 mm;第三阶段,工作面推进到距离轨道上山 4 m 处至工作面跨采过轨道上山 4 m 期间,巷道相对位移量的斜率最大,说明此段时间内,巷道两帮变形速度最快,此段时间受到上方工作面采动的影响最大,最大变形速度为 2 mm/d;第四阶段,工作面跨采过轨道上山 4 m 后,顶底板变形量一直在增大,但是变化速度开始放缓,说明轨道上山受到上方工作面回采的影响逐渐减小,至工作面停采时,两帮变形量最大为 18.4 mm。

　　(2) 对比试验巷道。

　　由图 5-8 可知:7 煤工作面开始推进时,巷道围岩变形量开始增加,变形速度也较快,直至巷道跨采过对比试验巷道 12 m 时,变形速度才开始放缓,此时对比试验巷道顶底板最大变形量为 17.6 mm,两帮最大变形量为 13.1 mm;工作面跨采过对比试验巷道 12 m 至工作面跨采过对比试验巷道 60 m 期间,巷道的变形量一直在增加,但增加的幅度很缓慢,至跨采过对比试验巷道 68 m 时,变形量趋于稳定,顶底板最大变形量为 38 mm,两帮最大变形量为 29 mm。

5.4.2　9 煤采动时底板巷道围岩应力及位移变化规律

　　在 9 煤回采之前,基于传统的注浆原理我们对轨道上山进行注浆预加固,即通过注浆浆液提高岩体的黏聚力、内摩擦角来提高围岩强度,本次试验通过向巷道围岩内注射水泥浆液从而来达到注浆的目的;对比试验巷道不采取任何加固措施。

5.4.2.1 9煤采后底板巷道围岩应力变化规律

回采9煤过程中,轨道上山的应力变化规律如图5-9所示。

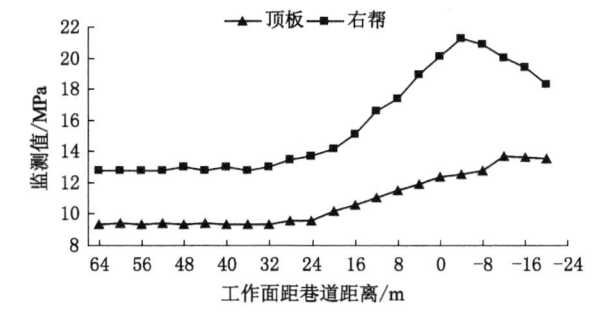

图5-9 开采9煤时轨道上山应力变化规律

由图5-9可知轨道上山的应力变化规律。

① 右帮:当9煤工作面距离轨道上山大于等于32 m时,帮部垂直应力没有变化,为13.14 MPa;当工作面推进到距离轨道上山28 m时,右帮垂直应力开始增大,直至工作面推进到距离轨道上山16 m,垂直应力的变化速度较小,此时右帮处的垂直应力值为15.12 MPa;工作面推进到距离轨道上山16 m至工作面推进到轨道上山正上方时,此期间的巷道应力变化斜率最大,说明在此段期间,巷道受到上方工作面采动影响最大;当工作面跨采过轨道上山后,垂直应力的增长速度开始放缓直至为零,应力峰值出现在工作面跨采过轨道上山4 m时,应力值最大为21.32 MPa,应力集中系数为1.71,此后垂直应力开始减小,说明帮部压力盒所在的围岩已经进入了屈服状态,巷道进入屈服时间要比回采7煤时早。

② 顶板:顶板浅部围岩处于卸压状态,初始值为9.45 MPa,当9煤工作面回采至距离轨道上山20 m时,顶板测点垂直应力值开始增加,直至工作面回采至轨道上山8 m时,应力值缓慢增长;工作面推进到距离轨道上山8 m至跨采过轨道上山8 m期间,应力增长速度开始加快,应力峰值达到最高点13.59 MPa;之后垂直应力值增长速度又逐渐减小,说明工作面跨采过轨道上山后,轨道上山处于应力降低区,顶板的垂直应力值也随之减小。

5.4.2.2 9煤采后底板巷道围岩位移变化规律

利用位移计,测量9煤工作面回采期间,底板巷道围岩的位移变化规律。轨道上山和对比试验巷道的位移变化值分别如图5-10和图5-11所示。

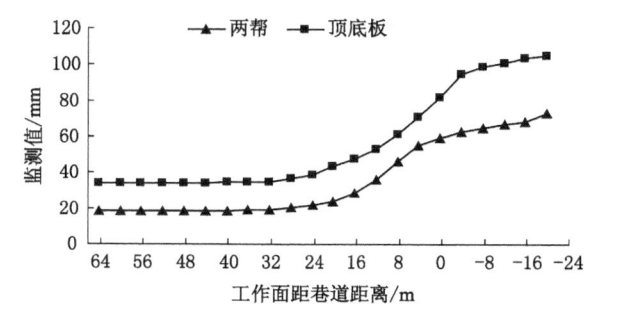

图5-10 开采9煤时轨道上山位移变化图

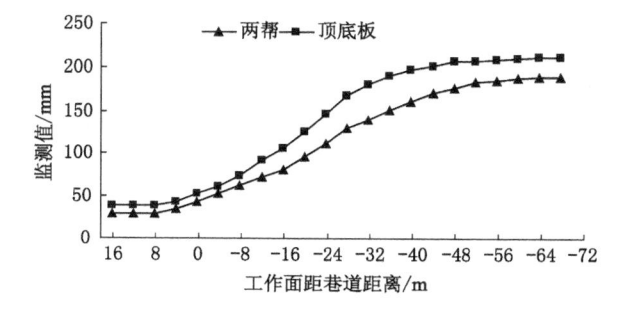

图5-11 开采9煤时对比试验巷道位移变化图

(1)轨道上山位移变化规律。

由图5-10可知:9煤工作面回采时,工作面相对轨道上山距离由远及近至跨采过轨道上山期间,巷道围岩位移变化经历了四个阶段。

顶底板变形量:第一阶段,工作面距离轨道上山大于等于28 m时,巷道顶板测点变形量保持不变;第二阶段,工作面推进到距离轨道上山28 m至16 m期间,轨道上山开始受到工作面采动的影响,但是变形量不大,最大为43 mm;第三阶段,工作面推进到距离轨道上山16 m处至工作面跨采过轨道上山4 m期间,顶底板变形量的斜率最大,说明此段时间内,巷道围岩的变形速度最快,轨道上山受到上方工作面采动的影响最大,最大变形速度为6 mm/d;第四阶段,工作面跨采过轨道上山4 m后,顶底板变形量一直在增大,但是变形速度开始放缓,说明轨道上山受到上方工作面采动的影响逐渐减小,至工作面停采时,巷道顶底板变形量最大为 104 mm。

两帮变形量:第一阶段,工作面推进至距离轨道上山 28 m 前,巷道两帮处的测点变形量保持不变;第二阶段,工作面推进到距离轨道上山 28 m 至 16 m 期间,轨道上山开始受到工作面采动的影响,但是变形量不大,最大为 27 mm;第三阶段,工作面推进到距离轨道上山 16 m 处至工作面跨采过轨道上山 4 m 期间,两帮变形量的斜率最大,说明此段时间内,巷道的两帮变形速度最快,此段时间受到上方工作面采动的影响最大,最大变形速度为 4 mm/d;第四阶段,工作面跨采过轨道上山 4 m 后,顶底板变形量一直在增大,但是变形速度开始放缓,说明轨道上山受到上方工作面回采的影响逐渐减小,至工作面停采时,巷道两帮变形量最大为 72.6 mm。

(2)对比试验巷道位移变化规律。

由图 5-11 可知:9 煤工作面开始推进时,对比试验巷道围岩变形量开始增加,变形速度较快,直至工作面跨采过对比试验巷道 50 m 时,变形速度才开始放缓,此时对比试验巷道顶底板最大变形量为 207 mm,两帮最大变形量为 182 mm,随着工作面的推进,对比试验巷道的变形量一直在增加,但增加的幅度很缓慢,至跨采过对比试验巷道 68 m 时,顶底板最大变形量为 211 mm,两帮最大变形量为 188 mm。说明未注浆时,9 煤工作面采动引起的支承压力使对比试验巷道围岩破坏区加大,巷道进入失稳状态。如图 5-12 所示,对比试验巷道上覆岩层裂隙比较发育,9 煤采动对底板巷道的影响比较严重。

 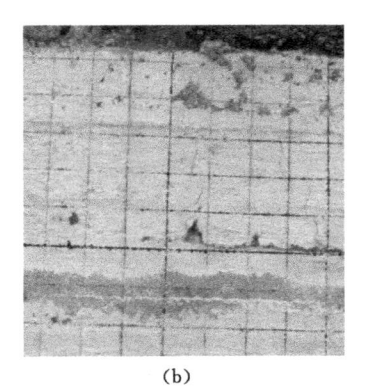

(a)　　　　　　　　　　　　　　　(b)

图 5-12　对比试验巷道上覆岩层裂隙发育图

(a)9 煤采过后对比试验巷道;(b)局部放大图

5.5　本章小结

本章通过相似材料模拟试验,模拟了多煤层采动对底板巷道的影响,得出经受多重采动影响时巷道的变形破坏规律,并对支护方案进行了分析:

(1)7煤开采前,轨道上山以及对比试验巷道皆采用锚网索加强支护。工作面距离轨道上山24 m时,轨道上山开始受到开采的影响;工作面距离轨道上山4 m的时候,轨道上山围岩变形速度开始加快;工作面跨采过轨道上山4 m后,变形速度开始减小,并最终趋于稳定;至工作面跨过轨道上山停采时,轨道上山的顶底板最大变形量为32 mm,对比试验巷道的顶底板最大变形量为38 mm。巷道没有出现较大变形,由此可见,当采取加强支护后,巷道能够"抵抗"7煤工作面回采的影响。

(2)7煤回采过后,对轨道上山进行注浆加固,对比试验巷道使用原支护,然后开采9煤。9煤工作面距离轨道上山32 m时,轨道上山开始受到开采的影响,但是影响程度不大;工作面距离轨道上山16 m时,轨道上山围岩变形速度开始加快;至工作面跨采过轨道上山4 m后,轨道上山的围岩变形速度开始减小,但是变形量还是在增加;至工作面跨采过轨道上山停采时,轨道上山顶底板的最大变形量为104 mm,两帮的最大变形量为72.6 mm;而没有注浆加固的对比试验巷道随着9煤的开采,其变形量一直在增加,至工作面停采时,对比试验巷道的变形量还在增加,其顶底板最大变形量为211 mm,两帮最大变形量为188 mm,巷道变形量相对轨道上山要大得多,巷道进入失稳状态。可见,在9煤回采之前,对巷道进行注浆加强支护,能够控制9煤采动时巷道围岩变形破坏区范围的加大,有效地保持巷道围岩的稳定性。

6 采动支承压力对底板巷道稳定性影响的数值模拟研究

在第 3 章中对 FLAC³ᴰ 模拟软件已作过介绍，FLAC³ᴰ 中含有的界面还可以模拟岩层中不连续面，如断层、节理以及层理等滑动和离层，还含有梁、锚杆、桩及支柱单元。FLAC³ᴰ 中的结构单元是岩土工程实际结构中的一种"抽象"，即采用简单的单元形式来模拟复杂的结构体。本章将通过这些结构单元，来模拟上方工作面采动时支护对于跨采巷道围岩应力、位移以及塑性区范围的影响。

6.1 数值计算模型的建立

6.1.1 模拟巷道地质条件

数值模拟以淮北矿业(集团)有限责任公司海孜煤矿 86 采区及轨道上山为工程背景，该采区主采 7 煤及 9 煤两层煤层。其中 7 煤平均煤层厚度为 2 m，与轨道上山垂直距离为 40 m；9 煤平均煤层厚度为 3 m，与轨道上山垂直距离为 20 m；巷道具体地质条件见本书第 3.2 节及 5.2.1 节。

6.1.2 模型的建立

本次数值模拟主要分析上覆 7 煤、9 煤工作面推进时对底板巷道(轨道上山)稳定性的影响，从而得出跨采时底板巷道的应力变形特征。因此，经综合考虑，建立相同地质条件下，不同开采顺序以及不同支护方式的数值计算模型。轨道上山断面规格为巷宽×中高＝4 m×3.5 m，支护方式选用锚网索支护方式，锚杆选用高强螺纹钢 ϕ22 mm×2 200 mm，间排距为 800 mm×800 mm；锚索规格为 ϕ15.24 mm×5 000 mm，每个断面内 3 根，间排距为 2 400 mm×1 600 mm。

计算采用的岩体力学模型为莫尔-库仑模型，此模型适合于理想的弹性、塑性体岩石的研究，适合于本工程对底板巷道力学行为的研究。本模型采用尺寸为长度×宽度×高度＝220 m×200 m×120 m，模型的岩性分类及力学参数如

表 6-1 所列,莫尔-库仑塑性模型涉及的岩体物理力学参数包括体积模量 B、剪切模量 S、黏聚力 C、内摩擦角 f、质量密度 D;其中,B 和 S 由岩体的弹性模量和泊松比(E 和 μ)确定,并根据公式 $S=E/(2+2\mu)$ 和 $B=E/(3-6\mu)$ 来计算,根据抗拉强度准则判断岩体是否产生拉破坏。计算中模型上边界施加 8.7 MPa 载荷,侧压系数取 1.0;模型周围各边界均为水平位移约束,底部为固定位移约束,模型图如图 6-1 所示。

表 6-1　　　　　　　　　　煤岩体力学参数

岩　性	黏聚力 /MPa	内摩擦角 /(°)	抗压 强度/MPa	弹性模量 /GPa	泊松比	抗拉强度 /MPa
砂岩	12.76	36.60	86.09	21.66	0.22	15.28
泥岩	2.83	46.70	26.13	8.13	0.25	3.07
7 煤	0.75	43.60	15.53	4.01	0.28	1.05
铝质泥岩	3.52	40.60	58.72	15.88	0.23	8.12
泥岩	3.35	41.20	54.32	14.41	0.24	8.02
9 煤	0.70	43.90	9.89	3.62	0.29	0.97
泥岩	2.23	41.10	26.82	8.57	0.25	3.50
砂岩	10.82	38.24	60.76	18.93	0.23	11.40

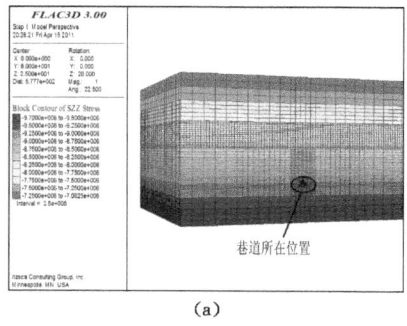
(a)

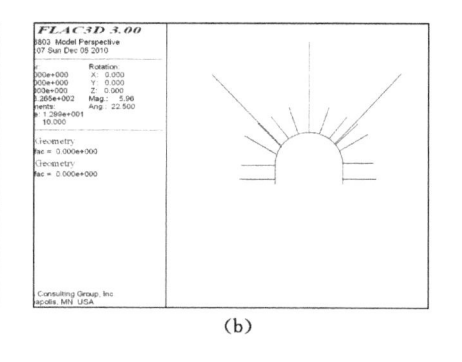
(b)

图 6-1　模型图

(a) 网格图;(b) 巷道初始支护结构图

6.2　数值模拟计算结果分析

因为本次模拟的为上方工作面跨采时底板巷道围岩的应力、塑性区、位移变化规律,是一个动态的过程,为了描述跨采过程,分别取上方工作面与底板巷道水平距离为 50 m、10 m、−30 m 时的底板巷道应力、塑性区等的状态图。

6.2.1　只受一次采动影响时底板巷道围岩稳定性分析

6.2.1.1　不受采动影响时底板巷道围岩稳定性分析

巷道初始掘进支护后的应力分布及塑性区范围如图 6-2 所示。

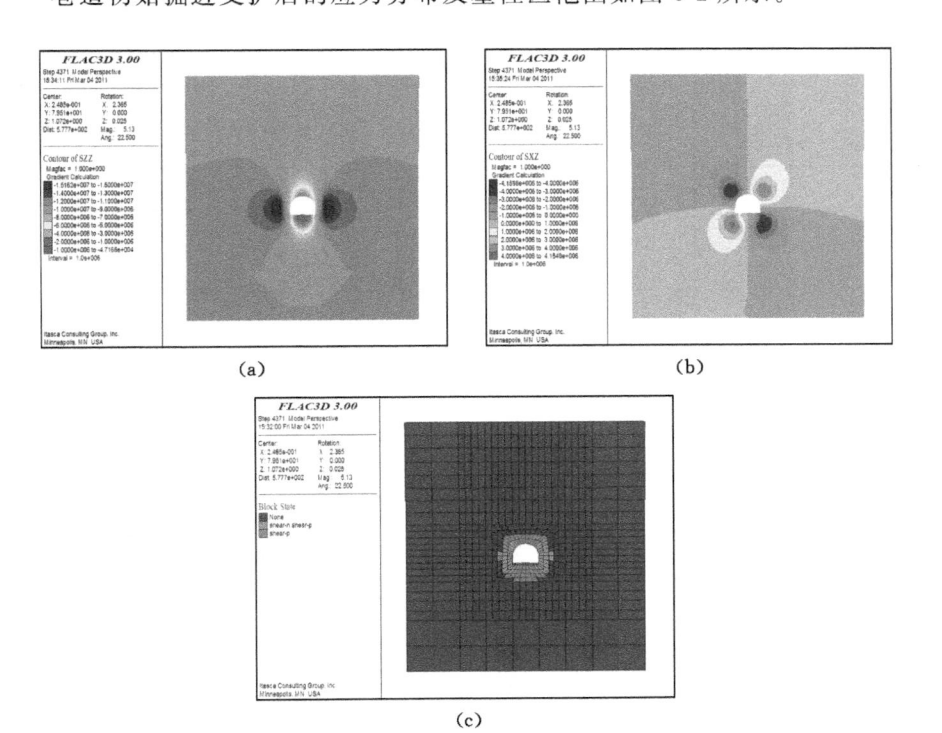

图 6-2　巷道初始掘进支护后的应力状态

(a) 垂直应力云图;(b) 剪应力云图;(c) 塑性区范围

(1) 底板巷道围岩垂直应力。

由图 6-2(a)知:巷道在开挖和实施支护以后,应力重新分布。在上方工作面回采之前,巷道只是单一的自身变形,未受到回采影响。从垂直应力云图中可以看出,巷道顶底板表面出现应力释放,顶板上方 4 m 处应力值为 6 MPa,其值在顶板深部逐渐增大,最后接近原岩应力;在巷道底板浅部应力值为 2 MPa,且在底板 4 m 范围内卸压。巷道两帮垂直应力在围岩 2~3 m 区域内集中,最大值为 15.14 MPa。

(2) 底板巷道围岩剪应力。

由图 6-2(b)知：剪应力在巷道的 4 个角呈现类似蝶形的形状。巷道的右上角和左下角受到拉剪应力的影响，其最大值为 4 MPa；巷道的左上角和右下角受到压剪应力的影响，其最大值为 4.15 MPa。

(3) 底板巷道围岩塑性区范围。

由图 6-2(c)知：巷道顶板及两帮围岩出现 1.5 m 左右的塑性区，底板的塑性区范围为 2.25 m。

6.2.1.2　首采 7 煤时底板巷道围岩稳定性分析

(1) 底板巷道围岩垂直应力变化规律。

首采 7 煤时，7 煤工作面由远及近直至跨采过底板巷道时，巷道围岩的垂直应力变化如图 6-3 所示。

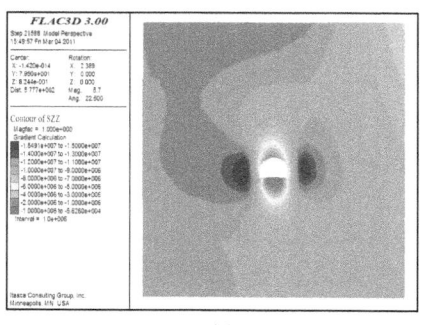
(a)

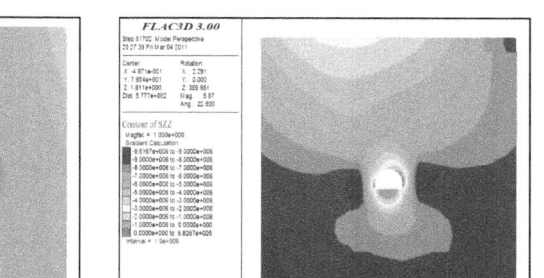
(b)

图 6-3　7 煤开采时垂直应力变化规律

(a) 距离为 10 m 时的垂直应力云图；(b) 距离为 −30 m 时的垂直应力云图

由图 6-3(a)可知：当 7 煤工作面与底板巷道的水平距离为 10 m 时，帮部围岩垂直应力在围岩 3～5 m 区域内应力集中，应力集中区域范围增大，最大值为 15.41 MPa；巷道两帮围岩出现明显的卸压状态，这是因为巷道受到工作面采动时支承压力在底板中传播的影响，在采动支承压力的作用下此区域已经进入破坏状态，围岩强度减小导致承载能力降低，且顶底板卸压区域也随着工作面的临近而有所增大。

由图 6-3(b)可知：当 7 煤工作面回采过底板巷道 30 m 时，巷道顶底板及两帮围岩都出现明显的卸压状态，其中两帮围岩的垂直应力最大值仅为 9.6 MPa，小于原岩应力，这是因为上方工作面回采完毕后，工作面底板的应力得到释放，工作面底板进入卸压状态，所以处在 7 煤工作面下的底板巷道围岩呈现卸压状态。

（2）底板巷道围岩剪应力变化规律。

7 煤首先开采时，由远及近直至跨采过底板巷道时，巷道围岩的剪应力变化如图 6-4 所示。

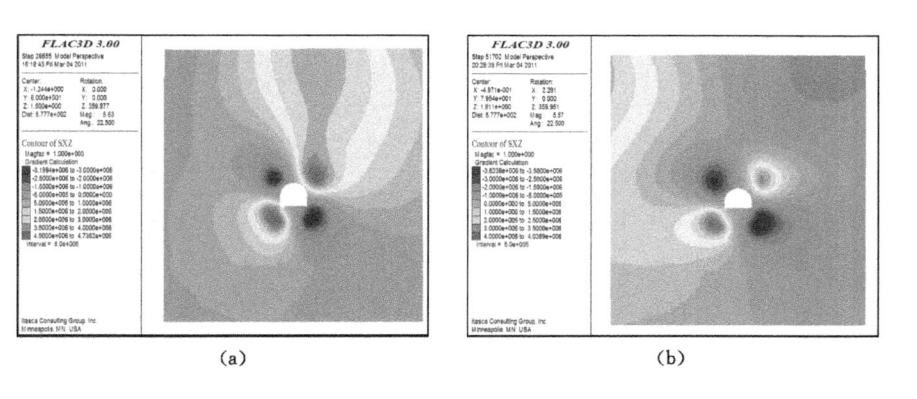

（a） （b）

图 6-4　7 煤开采时剪应力变化规律
（a）距离为 10 m 时的剪应力云图；（b）距离为 −30 m 时的剪应力云图

由图 6-4(a)知：剪应力在巷道的 4 个角呈现类似蝶形的形状。巷道的右上角和左下角受到拉剪应力的影响，且影响区域要比巷道不受采动影响时的区域大很多，其最大值为 4.5 MPa，应力集中系数为 1.1；巷道的左上角和右下角受到压剪应力的影响，其最大值为 3.19 MPa，相比不受采动影响时有所减小。

由图 6-4(b)知：剪应力在巷道的 4 个角呈现类似蝶形的形状。巷道的右上角和左下角受到拉剪应力的影响，且巷道左下角影响区域要比巷道不受采动影响时的区域大很多，其最大值为 4 MPa，应力集中系数为 1.1；巷道的左上角和右下角受到压剪应力的影响，其最大值为 3.8 MPa，和不受采动影响时的剪应力值相当。

（3）底板巷道围岩塑性区范围变化规律。

7 煤首先开采时，由远及近乃至跨采过底板巷道时，巷道围岩的塑性区范围变化如图 6-5 所示。

由图 6-5(a)知：当 7 煤工作面与底板巷道的水平距离为 10 m 时，巷道围岩塑性区相比巷道不受采动影响时右帮塑性区范围增加了 0.75 m，右拱角处部分围岩塑性区范围增加了 0.75 m，底板围岩的塑性区范围增加了 1 m。

由图 6-5(b)知：当 7 煤工作面跨采过底板巷道 30 m 时，巷道围岩塑性区相比巷道不受采动影响时右帮塑性区范围增加了 0.75 m，整个右拱腰处的围岩塑性区

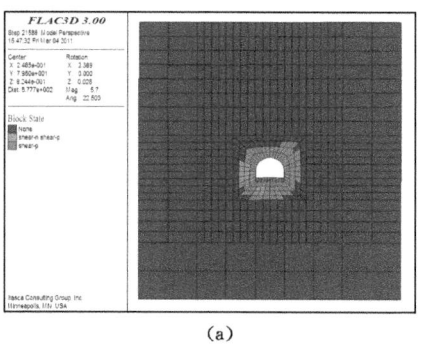 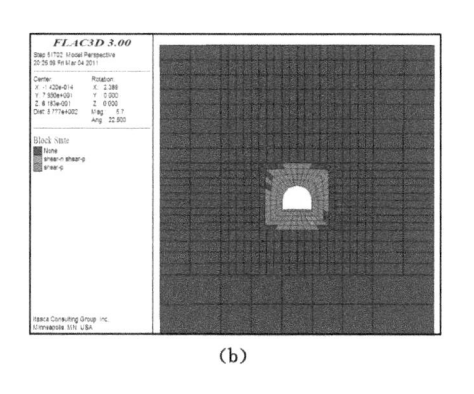

(a)　　　　　　　　　　　　(b)

图 6-5　7 煤开采时塑性区范围变化规律

(a) 距离为 10 m 时的塑性区；(b) 距离为－30 m 时的塑性区

范围增加了 0.75 m，巷道左拱角处也有部分围岩的塑性区范围增加了 0.75 m，底板围岩的塑性区范围增加了 1 m。

（4）底板巷道围岩位移变化规律。

7 煤工作面跨采巷道时，底板巷道围岩位移变化规律如图 6-6 所示。

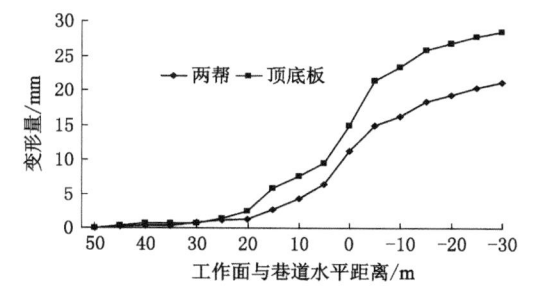

图 6-6　巷道围岩位移变化规律

由图 6-6 可知：当 7 煤工作面距离底板巷道 25 m 时，巷道开始变形，但是变形量和变形速度都很小；工作面距离巷道 5 m 位置时，巷道变形速度开始加快，一直到工作面跨采过巷道 10 m 时，巷道顶底板变形量为 25 mm，两帮变形量为 16 mm；之后变形量继续增加，但是其变形速度开始减小，工作面跨采过巷道 30 m 后，巷道围岩顶底板变形量约为 30 mm，两帮变形量为 21 mm，巷道变形量趋于平稳。

6.2.1.3 首采 9 煤时底板巷道围岩稳定性分析

（1）底板巷道围岩垂直应力变化规律。

首采 9 煤时，9 煤工作面由远及近直至跨采过底板巷道时，底板巷道围岩的垂直应力变化如图 6-7 所示。

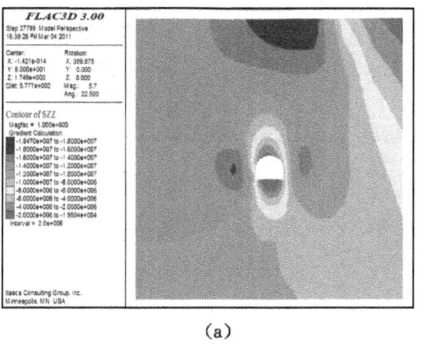
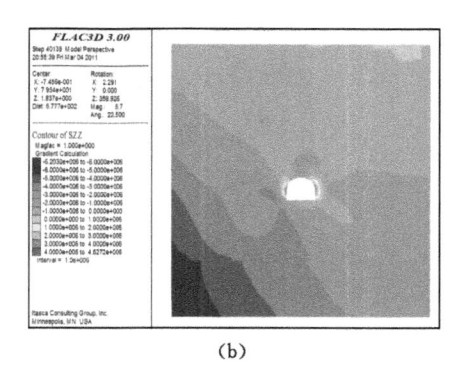

（a）　　　　　　　　　　　　　（b）

图 6-7　9 煤开采时垂直应力变化规律

（a）距离为 10 m 时的垂直应力云图；（b）距离为 −30 m 时的垂直应力云图

由图 6-7（a）可知：当 9 煤工作面与底板巷道的水平距离为 10 m 时，帮部围岩垂直应力在围岩 4～6 m 区域内应力集中，应力集中区域范围增大，最大值为 15.41 MPa；巷道两帮围岩出现明显的卸压状态，这是因为巷道受到工作面采动时支承压力的影响，在采动支承压力的作用下此区域已经进入破坏状态，围岩强度减小导致承载能力降低，且顶底板卸压区域相比 7 煤同状态时的卸压区域增大。

由图 6-7（b）可知：当 9 煤工作面回采过底板巷道 30 m 时，巷道顶底板及两帮围岩都出现明显的卸压状态，其中两帮围岩的垂直应力最大值仅为 4 MPa，为原岩应力的 2/5，这是因为上方工作面回采完毕后，工作面底板的应力得到释放，工作面底板进入卸压状态，所以处在 9 煤工作面下的底板巷道围岩也呈现卸压状态，且卸压程度比 7 煤开采时要大。

（2）底板巷道围岩剪应力变化规律。

9 煤首先开采时，由远及近直至跨采过底板巷道时，巷道围岩的剪应力变化如图 6-8 所示。

由图 6-8（a）知：剪应力在巷道的 4 个角呈现类似蝶形的形状。巷道的右上角和左下角受到拉剪应力的影响，且影响区域要比巷道不受采动影响时的区域大很多，其最大值为 6 MPa，应力集中系数为 1.5；巷道的左上角和右下角受到

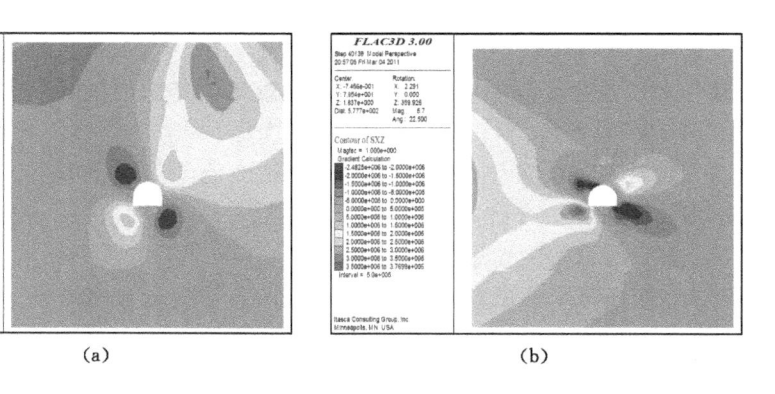

图 6-8　9 煤开采时剪应力变化规律

（a）距离为 10 m 时的剪应力云图；（b）距离为－30 m 时的剪应力云图

压剪应力的影响，其最大值为 3.22 MPa，相比不受采动影响时有所减小。

由图 6-8（b）知：剪应力在巷道的 4 个角呈现类似蝶形的形状。巷道的右上角和左下角受到拉剪应力的影响，其最大值为 3.5 MPa；巷道的左上角和右下角受到压剪应力的影响，其最大值为 2.2 MPa。值都小于巷道不受采动影响时的剪应力值，说明此时巷道处于卸压状态。

（3）底板巷道围岩塑性区范围变化规律。

9 煤首先开采时，由远及近直至跨采过底板巷道时，巷道围岩的塑性区范围变化如图 6-9 所示。

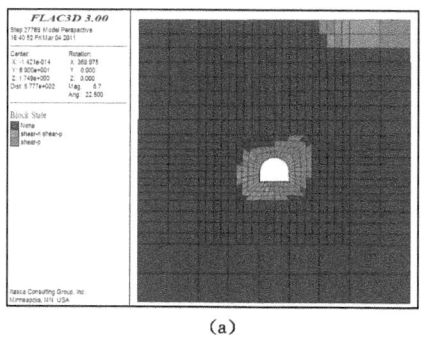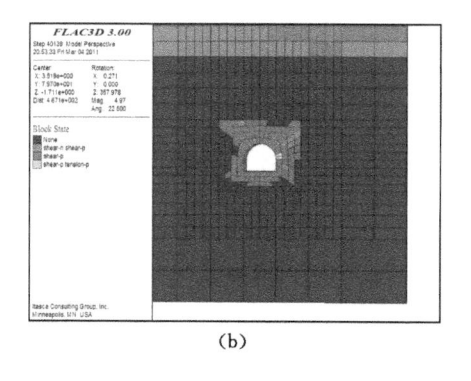

图 6-9　9 煤开采时塑性区范围变化规律

（a）距离为 10 m 时的塑性区；（b）距离为－30 m 时的塑性区

由图 6-9(a)可知:当 9 煤工作面与底板巷道的水平距离为 10 m 时,巷道围岩塑性区相比巷道不受采动影响时的塑性区,右帮塑性区范围增加了 1 m,右拱角处部分围岩塑性区范围增加了 1.5 m,底板围岩的塑性区范围增加了 1.5 m。

由图 6-9(b)可知:当 9 煤工作面跨采过底板巷道 30 m 时,巷道围岩右拱角处的围岩塑性区范围为 3.75 m,底板围岩的塑性区范围增加了 1 m,且巷道围岩中出现了由拉应力导致的巷道围岩塑性区。

(4)底板巷道围岩位移变化规律。

9 煤工作面跨采巷道时,底板巷道围岩的位移变化规律如图 6-10 所示。

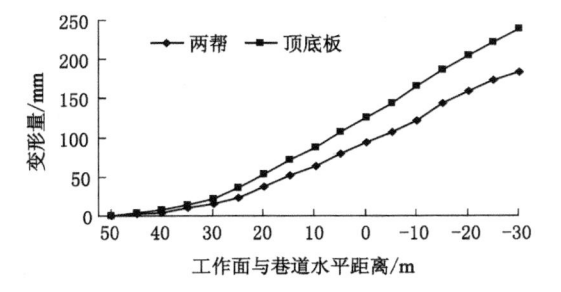

图 6-10 9 煤开采时巷道围岩位移变化规律

由图 6-10 可知:9 煤工作面跨采巷道的整个过程中,巷道围岩的变形量一直是增加的。可以看出,当工作面与巷道的水平距离大于等于 30 m 时,巷道的变形量与变形速度都比较小;至 30 m 时,巷道的顶底板变形量为 22 mm,两帮变形量为 15.6 mm;当工作面距离巷道 30 m 时,巷道变形速度开始加快;当工作面跨采过巷道 30 m 时,巷道围岩顶底板变形量为 239.1 mm,两帮变形量为184.8 mm。巷道围岩变形量较大,说明巷道围岩已进入破坏状态。

6.2.2　受双重采动影响时底板巷道围岩稳定性分析

6.2.2.1　采完 7 煤,9 煤工作面回采时的底板巷道围岩稳定性分析

当 7 煤工作面回采完毕后,9 煤工作面开始推进,当 9 煤工作面与底板巷道的水平距离为 10 m 时,巷道围岩的应力分布规律、塑性区范围变化规律及围岩位移变化规律如图 6-11 所示。

(1)底板巷道围岩垂直应力。

由图 6-11(a)可知:7 煤工作面回采完毕后开采 9 煤时,当 9 煤工作面与底板巷道的水平距离为 10 m 时,帮部围岩垂直应力在围岩 3~6 m 区域内应力集中,应力集中区域范围增大,垂直应力最大值为 17.48 MPa,比只开采 9 煤时的

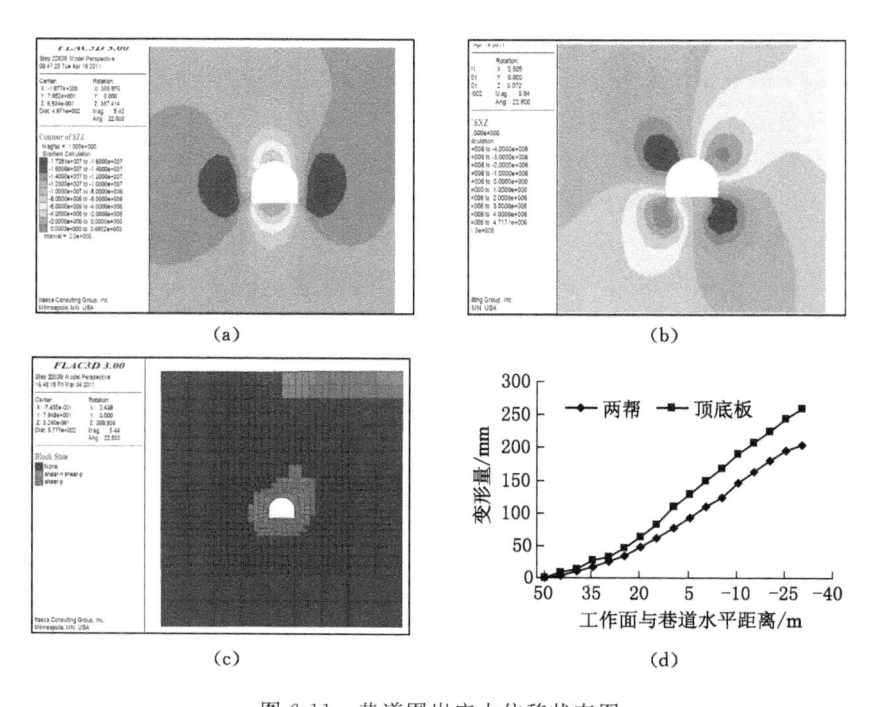

图 6-11 巷道围岩应力位移状态图

(a)垂直应力云图;(b)剪应力云图;(c)塑性区范围图;(d)位移变化规律

最大垂直应力值要小,顶底板卸压区域比只开采 9 煤同状态时的卸压区域有所增大。这是因为 9 煤开采时的采动集中应力导致巷道围岩的破坏,巷道浅部围岩进入卸压状态,巷道围岩的垂直应力值较只开采 9 煤同状态下的巷道围岩垂直应力值有所减小。

(2)底板巷道围岩剪应力。

由图 6-11(b)可知:剪应力在巷道的 4 个角呈现类似蝶形的形状。巷道的右上角和左下角受到拉剪应力的影响,其最大值为 4 MPa;巷道的左上角和右下角受到压剪应力的影响,其最大值为 4.15 MPa。

(3)底板巷道围岩塑性区范围。

由图 6-11(c)可知:巷道顶底板及左帮均出现 3 m 左右的塑性区;巷道右拱顶处塑性区范围达到 4.5 m,相比只开采 9 煤同状态时的塑性区范围增大了 0.75 m,说明此位置受到的采动影响最大,最先进入破坏状态。

(4)底板巷道围岩位移变化规律。

由图 6-11(d)可知:当 7 煤工作面回采完毕接着开采 9 煤时,9 煤工作面跨采巷道的整个过程中,巷道围岩的变形量一直是增加的。可以看出,当工作面与巷道的水平距离大于等于 30 m 时,巷道的变形量虽然较小,但是比只开采 9 煤时同状态下的巷道围岩变形量要大;至 30 m 时,巷道顶底板变形量为 24.8 mm,两帮变形量为 32.7 mm;当工作面距离巷道 30 m 时,巷道变形速度开始加快;至工作面跨采过巷道 30 m 时,巷道围岩顶底板变形量为 259.1 mm,两帮变形量为 204.8 mm。巷道变形量较大,巷道已进入破坏状态。

6.2.2.2　采完 9 煤,7 煤工作面回采时的底板巷道围岩稳定性分析

当 9 煤工作面回采完毕后,7 煤工作面开始回采,当 7 煤工作面与底板巷道的水平距离为 10 m 时,巷道围岩的应力分布规律、塑性区范围变化规律及围岩位移变化规律如图 6-12 所示。

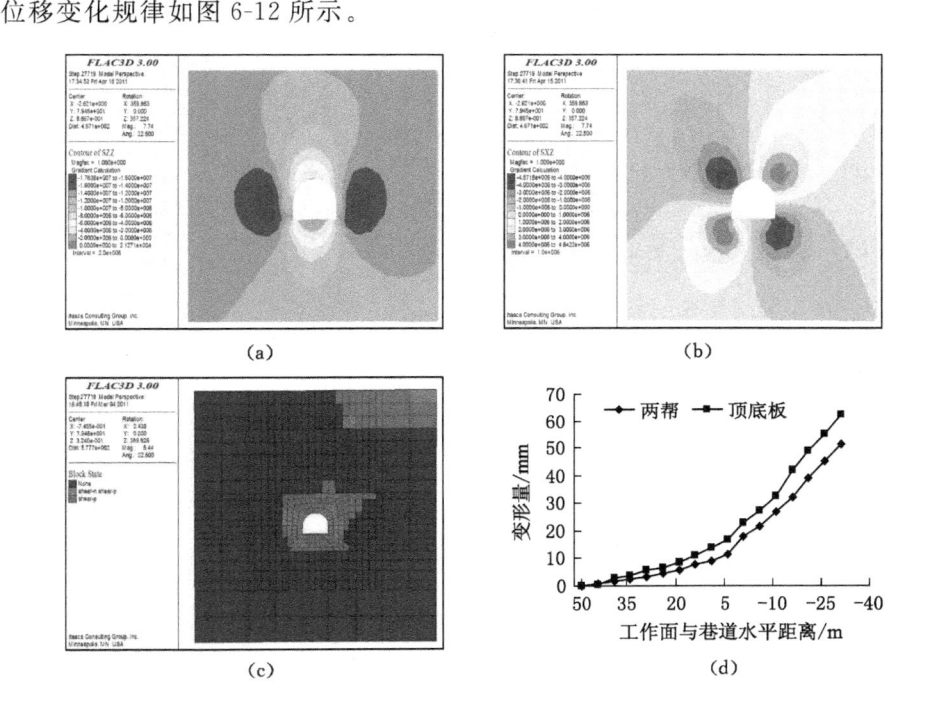

图 6-12　巷道围岩应力位移状态图
(a)垂直应力云图;(b)剪应力云图;(c)塑性区范围图;(d)位移变化规律

(1)底板巷道围岩垂直应力。

由图 6-12(a)可知:9 煤工作面回采完毕后开采 7 煤时,当 7 煤工作面与底板巷道的水平距离为 10 m 时,帮部围岩垂直应力在围岩 3～5 m 区域内应力集中,应力集中区域范围增大,最大值为 17.64 MPa,比只开采 7 煤时的最大垂直应力值大,顶底板卸压区域比只开采 7 煤同状态时的卸压区域有所增大。

(2)底板巷道围岩剪应力。

由图 6-12(b)可知:剪应力云图在巷道的 4 个角呈现类似蝶形的形状。巷道的右上角和左下角受到压剪应力的影响,其最大值为 4 MPa;巷道的左上角和右下角受到拉剪应力的影响,其最大值为 4.57 MPa。

(3) 底板巷道围岩塑性区范围。

由图 6-12(c)可知:巷道顶板、底板及左帮处均出现 4 m 左右的塑性区;巷道右拱顶处塑性区范围达到 5.5 m,相比只开采 9 煤同状态时的塑性区范围增大了 1.75 m,相比先采 7 煤后采 9 煤同状态下的塑性区范围增大了 1 m。这是因为先开采 9 煤时,底板巷道浅部围岩已全部进入塑性状态,巷道围岩的稳定性非常弱,当 7 煤回采时的采动支承压力影响到巷道时,采动引起的围岩集中应力会向巷道围岩深处转移,从而导致巷道围岩更大范围的破坏。

(4) 底板巷道围岩位移变化规律。

由图 6-12(d)可知:当 9 煤工作面回采完毕接着开采 7 煤时,7 煤工作面跨采巷道的整个过程中,巷道围岩的变形量一直是增加的。可以看出,当 7 煤工作面与巷道的水平距离大于等于 25 m 时,巷道的变形量虽然较小,但是相比只开采 7 煤时同状态下的巷道围岩变形量有所增大;至 25 m 时,巷道顶底板变形量为 6.5 mm,两帮变形量为 4.4 mm;当工作面距离巷道 25 m 时,巷道变形速度开始加快;至工作面跨采过巷道 25 m 时,巷道围岩顶底板变形量为 62.5 mm,两帮变形量为 51.2 mm。巷道变形量较大,巷道已进入破坏状态。

按照先采 9 煤后采 7 煤的开采顺序开采完毕后,此时巷道顶底板变形量共为 300.1 mm,两帮变形量为 235.8 mm;按照先采 7 煤后采 9 煤的开采顺序开采完毕后,巷道顶底板变形量为 287.6 mm,两帮变形量为 214.2 mm。相比较,先采 7 煤后采 9 煤时的变形量要小一些。

6.2.3 跨采动压巷道围岩控制技术研究

由上述模拟结果可知,当采用锚网索支护方式加固围岩时,在只开采 7 煤时能够很好地保持巷道围岩的稳定性,但是在开采 9 煤时,底板巷道围岩塑性区范围较大,围岩丧失承载控制变形的能力,这时候需要对巷道进行加强支护,而采用锚注支护加强围岩是控制底板巷道围岩的有效方法之一。

在锚网索支护模型的基础上采用锚注支护方式加固围岩,锚注时机选择在开采 9 煤之前。高强注浆锚杆规格为 $\phi 22$ mm $\times 2\,500$ mm,浆液扩散半径取 1.5 m,间排距为 1 200 mm $\times 1\,200$ mm。

为了较好地分析锚注对底板巷道围岩的控制作用,对开采 9 煤时底板巷道围岩的应力变化规律、塑性区范围变化规律及围岩位移变化规律进行分析。

6.2.3.1 底板巷道围岩垂直应力变化规律

底板巷道围岩垂直应力变化规律如图 6-13 所示。

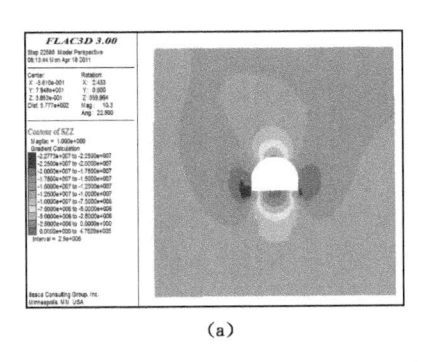 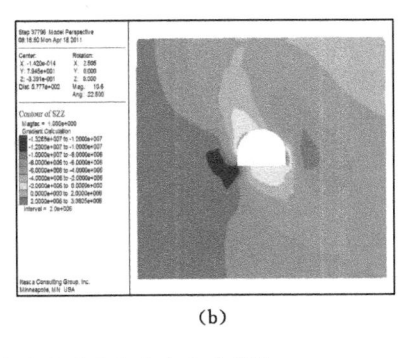

(a)　　　　　　　　　　　　　　(b)

图 6-13　巷道围岩注浆后 9 煤开采时垂直应力变化规律

(a) 距离为 10 m 时的垂直应力云图;(b) 距离为−30 m 时的垂直应力云图

由图 6-13(a)可知:当 9 煤工作面与底板巷道的水平距离为 10 m 时,帮部围岩垂直应力在围岩 1～3 m 区域内应力集中,最大值为 22.76 MPa,巷道两帮围岩没有出现明显的卸压状态,这是因为巷道在注浆加固后,巷道围岩的强度得到提高,"抵抗"高应力的能力得到加强,顶底板的卸压区域相比没有注浆回采 9 煤时的卸压区域也要小一些。

由图 6-13(b)可知:当 9 煤工作面回采过底板巷道 30 m 时,巷道顶底板及两帮围岩都出现明显的卸压状态,其中两帮围岩的垂直应力最大值为 12 MPa。这是因为上方工作面回采完毕后,工作面底板的应力得到释放,工作面底板进入卸压状态,所以处在 9 煤工作面下的底板巷道围岩也呈现卸压状态。

6.2.3.2 底板巷道围岩剪应力变化规律

9 煤首先开采时,由远及近直至跨采过底板巷道时,巷道围岩的剪应力变化如图 6-14 所示。

由图 6-14(a)可知:剪应力在巷道的 4 个角呈现类似蝶形的形状。巷道的右上角和左下角受到压剪应力的影响,且影响区域要比巷道不受采动影响时的区域大很多,其最大值为 8 MPa,应力集中系数为 2;巷道的左上角和右下角受到拉剪应力的影响,其最大值为 6.5 MPa,相比不受采动影响时的剪应力值都有所增大。这是由于巷道浅部围岩因注浆使抗剪能力得到加强,巷道浅部围岩没有进入破坏状态。

由图 6-14(b)可知:剪应力在巷道的 4 个角呈现类似蝶形的形状。巷道的右上角和左下角受到拉剪应力的影响,其最大值为 8 MPa;巷道的左上角和右下

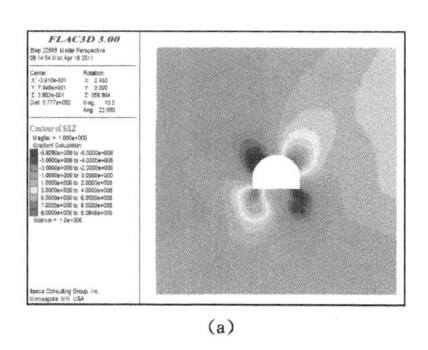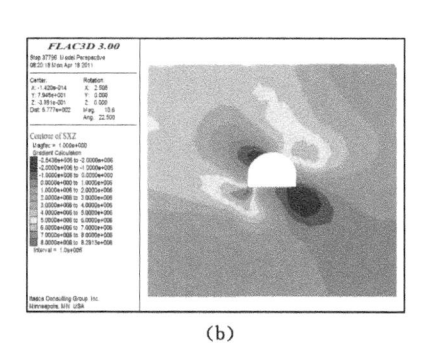

(a)　　　　　　　　　　　　　　(b)

图 6-14　巷道围岩注浆后 9 煤开采时剪应力变化规律

（a）距离为 10 m 时的剪应力云图；（b）距离为－30 m 时的剪应力云图

角受到压剪应力的影响，其最大值为 2.2 MPa。值都小于巷道不受采动影响时的剪应力值，说明此时巷道处于卸压状态。

6.2.3.3　底板巷道围岩塑性区范围变化规律

9 煤首先开采时，由远及近乃至跨采过底板巷道时，巷道围岩的塑性区范围变化如图 6-15 所示。

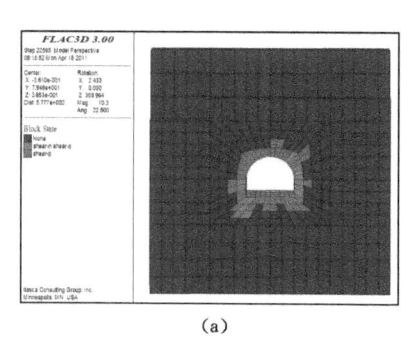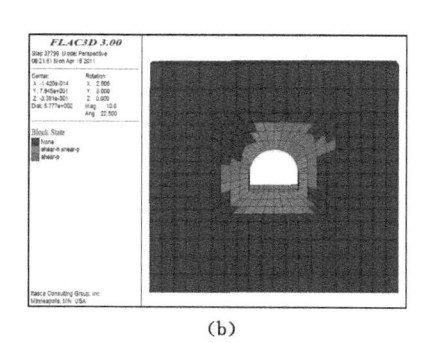

(a)　　　　　　　　　　　　　　(b)

图 6-15　巷道围岩注浆后 9 煤开采时塑性区范围变化规律

（a）距离为 10 m 时的塑性区；（b）距离为－30 m 时的塑性区

由图 6-15(a)可知：当 9 煤工作面与底板巷道的水平距离为 10 m 时，巷道右拱角处部分围岩与底板左下角塑性区范围较大些，但和没有注浆时巷道的塑性区范围相比大大缩小。

由图 6-15(b)可知：当 9 煤工作面跨采过底板巷道 30 m 时，巷道围岩塑性区与没有注浆加固的巷道在同状态时的塑性区范围相比可知，其顶板及两帮塑性区范围大大减小，最容易进入破坏状态的巷道右拱顶处塑性区范围也减小了1.5 m，加固效果明显。

6.2.3.4　底板巷道围岩位移变化规律

9 煤工作面跨采巷道时,底板巷道围岩的位移变化规律如图 6-16 所示。

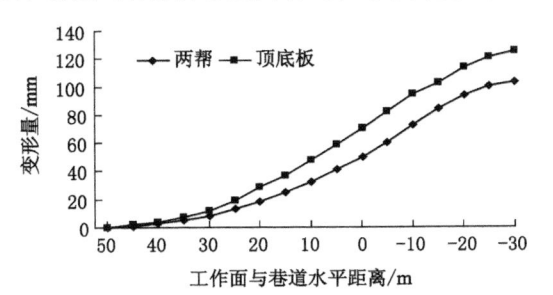

图 6-16　巷道围岩注浆后 9 煤开采时巷道围岩位移变化规律

由图 6-16 可知:9 煤工作面跨采巷道的整个过程中,巷道围岩的变形量一直是增加的。当工作面与巷道的水平距离大于等于 30 m 时,巷道的变形量与变形速度都比较小;至 30 m 时,巷道的顶底板变形量为 19.3 mm,两帮变形量为 13.2 mm;当工作面距离巷道 30 m 时,巷道变形速度开始加快;至工作面跨采过巷道 20 m 时,巷道顶底板变形量为 113.3 mm,两帮变形量为 95.2 mm;当工作面跨采过巷道 20 m 后,巷道围岩的变形量还是增加的,但是变形速度有所减小;当工作面跨采过巷道 30 m 时,巷道围岩顶底板变形量为 125.6 mm,两帮变形量为 103.4 mm。当 9 煤工作面跨采过巷道后,巷道围岩变形量虽然较大,但是其变形速度逐渐趋于零,说明巷道围岩没有进入失稳状态,注浆能够保持 9 煤回采时巷道围岩的稳定。

6.3　本章小结

本章以淮北矿业(集团)有限责任公司海孜煤矿 86 采区的工程地质条件为背景,建立了工程力学模型,分析了多煤层不同开采顺序对底板巷道围岩稳定性的影响,详细分析了上方工作面开采过程中底板巷道的变形破坏机理,找出巷道的薄弱位置,得到以下主要结论:

(1)底板巷道在只经受 7 煤采动影响时,巷道围岩除浅部外,基本上是处于弹性状态,因此巷道变形量不大,顶底板及两帮的变形量分别为 28.5 mm、21.2 mm;在只经受 9 煤采动影响时,巷道围岩深部也已进入塑性状态,巷道围岩变形量较大,顶底板及两帮的变形量分别为 239.1 mm、184.4 mm。

(2)不同的煤层开采顺序对底板巷道围岩的稳定性的影响是有差异的。按照先采 9 煤后采 7 煤的顺序开采完毕后,巷道围岩塑性区范围最大为 4.5 m,顶底板及两帮变形量分别 300.1 mm、235.4 mm；按照先采 7 煤后采 9 煤的顺序开采完毕后，巷道围岩的塑性区范围最大为 5.5 m，顶底板及两帮变形量分别为 287.6 mm、214.2 mm。按照先采 7 煤后采 9 煤的开采顺序更有利于底板巷道围岩的控制。

（3）在上方工作面回采时，靠近工作面一侧的巷道拱腰部位最先进入塑性状态，且回采完毕后拱腰处的塑性区范围较大，说明靠近工作面一侧的巷道拱腰在动压影响下最先破坏，为巷道围岩控制的重点区域。

（4）采用锚网索支护，虽能够"抵抗"7 煤工作面回采的影响，保持巷道围岩的稳定，但在 9 煤工作面回采时，巷道围岩塑性区范围较大，支护失效；采用锚注支护预加固后，在 9 煤开采过程中，巷道塑性区范围明显减小，表明巷道锚注支护为近距离跨采动压巷道围岩控制的有效方法之一。

7 跨采动压巷道围岩控制工程实践

受动压影响的底板巷道最显著的特点就是受到上方工作面的采动影响,巷道变形量较大,常导致巷道断面严重缩小,并容易发生顶板局部冒落、巷道片帮等事故。为了保持跨采动压巷道围岩的稳定性,首先要掌握受回采影响的跨采巷道矿压显现规律,以便在此基础上制定出有效的跨采动压巷道围岩控制措施。跨采动压巷道围岩控制的目的是保证巷道的正常使用,实现矿井安全高效集约化生产。

7.1 跨采动压巷道围岩稳定性影响因素

影响跨采动压巷道围岩稳定性的因素可分为两大类,即巷道围岩地质条件和煤层开采方法。

7.1.1 巷道围岩地质条件

7.1.1.1 煤岩体力学性质

煤岩体力学性质对巷道变形与破坏起决定性作用。例如,存在的软弱岩石或膨胀性岩石,对巷道变形、破坏的性质和其剧烈程度有重要影响。跨采动压巷道变形与破坏并非单纯取决于煤岩体的性质,与煤岩体内部构造特征和岩体本身破坏状态有密切关系,其中对巷道变形影响最大的因素是层理与节理。此外,巷道顶板岩层的分层厚度、顶板中是否存在软弱岩层,以及软弱岩层赋存的位置和厚度,也对跨采动压巷道的顶板动态和巷道变形破坏有重要影响。一般来说,巷道变形随煤岩体强度增加而减少。

7.1.1.2 地质构造

地质构造影响主要是指巷道围岩周围断层、褶曲等影响。岩体虽有一定的岩块强度,但由于围岩裂隙发育,岩体结构极差,造成岩体的总体强度较低。另外,构造造成的围岩破碎,其碎胀压力也容易使围岩产生碎胀变形。

7.1.1.3 开采深度

煤矿中开采深度直接影响巷道围岩中原岩应力的大小。而原岩应力为巷道围岩变形破坏的根源。矿井巷道是在原岩应力作用下开挖的,在巷道开挖的整个过程中,原岩应力一直对开挖起决定性的作用。原岩应力包括上覆岩层产生的重力场应力及地质构造应力两部分,对于重力场产生的地应力仅与上覆岩层及其开采深度有关。

7.1.1.4　煤层开采厚度

众所周知,煤厚越大,煤层采出后所空余的空间越大,必然导致采场上覆岩层破坏越严重,使受回采影响的跨采动压巷道附近围岩的矿压显现越剧烈。

7.1.1.5　开采煤层的倾角

由于采动支承压力的方向通常都是垂直于煤层顶底板的,故煤层倾角不同时,巷道受到的压力方向也会不同,当巷道围岩受到压应力的方向不同时,会使巷道围岩支护体受到的荷载不均衡,改变了巷道围岩的变形破坏形式。

7.1.1.6　水文地质

大部分岩石遇水后都有一定的软化现象,其强度会降低。对于泥岩类软岩,遇水后会出现泥化、崩解、膨胀等现象,从而导致围岩产生较大的塑性变形。而对于节理比较发育的坚硬岩层,遇水后会使受节理剪切的破碎岩块之间的摩擦系数减小,导致围岩中某些岩块滑动和冒落。水的存在也是造成回采巷道底鼓常见原因之一。

7.1.2　煤层开采方法

7.1.2.1　成巷时间的影响

由于许多岩石具有流变性,特别是软弱岩石,所以即使巷道处于不变的静载荷作用下,随时间增长其围岩变形量也会缓慢地增加。时间因素不仅对软弱岩石影响很大,而且对某些坚硬岩石有时也可能产生明显影响。故应加快上方工作面或者邻近工作面的推进速度,减少巷道维护时间。

7.1.2.2　巷道布置区域

巷道围岩性质和裂隙断层等发育情况是影响巷道围岩稳定性的最重要因素。在进行矿井设计时,应尽量将巷道布置在坚硬而稳定的岩层中。在这种情况下,巷道往往可以使用较长时间而无须维护。

常见的巷道变形破坏通常是因为其布置在软弱夹层中,围岩强烈变形而导致支护体的失效。故巷道布置时应尽量避免巷道位于非均质的煤和岩体中,这对于开拓大巷的设计尤其重要。

7.1.2.3　巷道维护方式

巷道维护是指对已进行过支护的巷道,在受到时间因素、采动影响因素时支护状况会恶化,为了维持巷道围岩的稳定性,保证巷道在矿井安全生产期间的服务年限,对巷道围岩采取的控制方法。当采取不合理支护措施时,造成巷道破坏,给矿井安全高效的集约化生产带来影响。

7.2　跨采动压巷道围岩控制方法

分析目前所采用的各种跨采巷道控制措施,从其对付跨采动压巷道变形破坏的原理来看主要有抵抗巷道围岩集中应力法、转移巷道围岩集中应力法以及释放围岩能量法等。

7.2.1　抵抗巷道围岩集中应力法

跨采动压巷道中的围岩压力显现是客观存在的现象,在巷道受到采动影响时或者实施支护过程中要想完全让这种现象消除是不可能的,因此必须对跨采动压巷道在回采之前采取一定的预加强支护措施,对采动支承压力实行硬抗。抵抗矿山压力主要是提高支护体的支撑能力或支护密度,用加强支护的手段去抑制或减少围岩移动,增强巷道抗变形能力以应对采动支承压力的影响。

7.2.2　转移巷道围岩集中应力法

转移巷道集中应力法主要是通过人为方法使巷道松动,形成卸载槽孔或其他形式的卸载空间,使集中应力转移到离跨采动压巷道较远的地点,达到减轻跨采动压巷道应力集中的目的。

7.2.3　释放围岩能量法

当跨采动压巷道围岩变形比较剧烈时,可以选用适当的支护方式。在支护体本身不受严重损坏的前提下,容许跨采巷道围岩产生一定的变形,以释放部分由采动集中应力而积聚的能量(也称应力释放)。其具体方法为:① 采用有一定工作阻力的可缩性金属支架;② 专门开挖为巷道受到采动支承压力收缩时的超出巷道正常使用范围的那部分断面;③ 容许跨采动压巷道发生底鼓,当跨采动压巷道发生较大底鼓时,采用卧底方式清除底板多余的矸石。这种方法可在一定程度上利用围岩自身承载能力,减小巷道围岩支护体的受力,如果采取的措施得力,则对生产极有利,但是这种方法会增加支架结构的复杂性或增加掘进和起底费用。

基于 86 采区的工程地质条件,我们选择第一种控制方法,即对巷道进行预加固支护。实际生产中,当围岩自身承载能力较小时,通常利用人工方法增加围岩强度来提高围岩承载能力。

7.3　支护方案设计及参数优化

通过采场底板应力传播规律及对底板巷道稳定性的理论分析、数值模拟、相似模拟,再结合淮北矿业(集团)有限责任公司海孜煤矿 86 采区的具体工程地质条件,本着减少巷道翻修频率、延长巷道使用寿命的原则,按照首先开采 7 煤、7 煤回采完毕后再开采 9 煤的顺序开采。当开采 7 煤前采用锚梁网索的支护方式对巷道进行加固,7 煤开采完毕后而 9 煤未开采时,再采用锚注联合支护方式对巷道进行控制。

7.3.1　第一次采动时底板巷道围岩控制技术

7.3.1.1　第一次采动时底板巷道加强支护方案

当轨道上山受到 7 煤采动影响时,即巷道受到第一次采动影响之前,选用锚梁网索对巷道进行预加固,根据数值模拟计算结果,可以确定轨道上山的合理加固范围,即整个 7 煤工作面、7 煤工作面上下平巷再向外延伸 35 m 范围内正下方的底板巷道。方案设计如图 7-1 所示。

7.3.1.2　锚梁索支护参数

(1)锚索。

拱顶锚索规格为 ϕ15.24 mm×5 000 mm,拱顶两侧锚索规格为 ϕ15.24 mm×6 000 mm,与铅垂方向夹角为 35°;每排 3 根,排距为 3.2 m。

(2)锚杆。

锚杆规格为高强螺纹钢 ϕ22 mm×2 000 mm,间排距为 1 200 mm×1 200 mm。

(3)钢筋梯子梁。

采用 ϕ12 mm 钢筋焊接而成。

7.3.2　第二次采动时底板巷道围岩控制技术

当轨道上山经历过 7 煤采动影响后,这时候巷道围岩会有一定的裂隙发育,在 9 煤回采之前,我们选择锚注方式对巷道进行预加固。支护设计如图 7-2 所示。

7.3.2.1　喷射混凝土

喷射混凝土强度等级为 C20,初喷层厚度为 30 mm,复喷层厚度为 50 mm,配合比为 1∶2∶2。

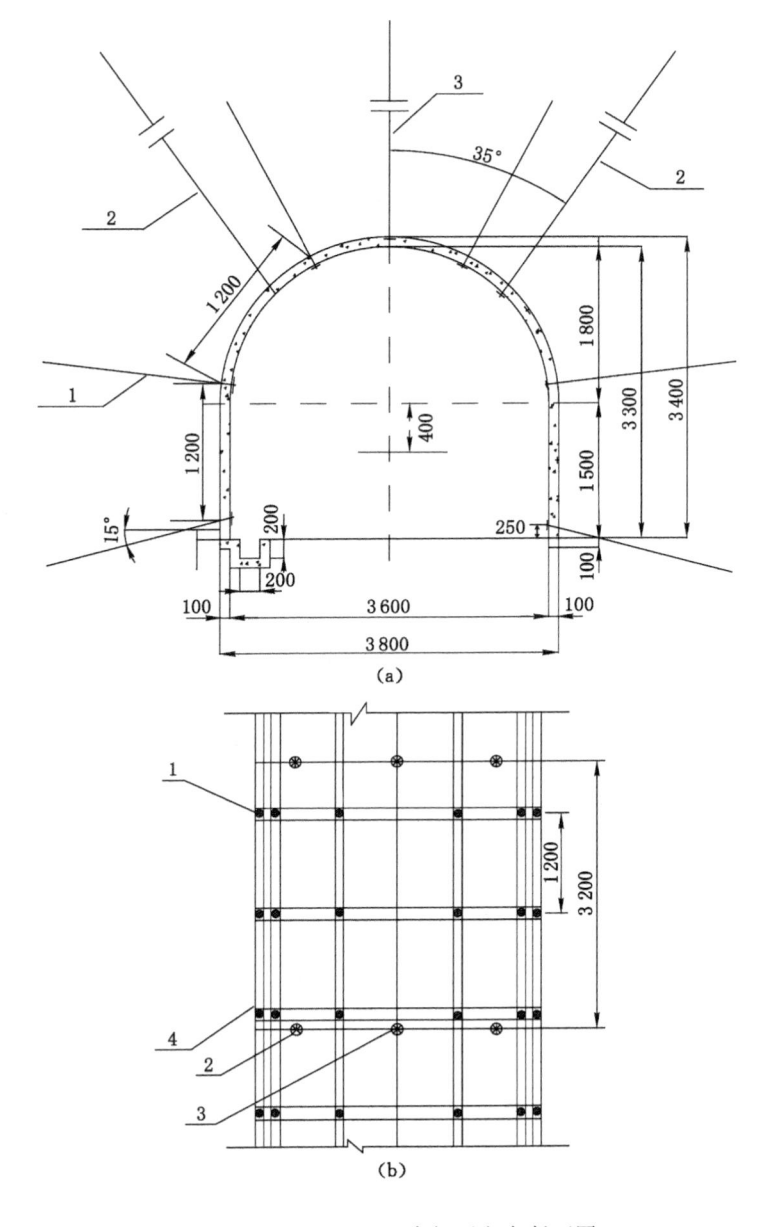

图 7-1 轨道上山锚梁索加固方案断面图

(a) 巷道支护断面图;(b) 顶板支护展开图

1——锚杆;2——两侧锚索;3——拱顶锚索;4——梯子梁

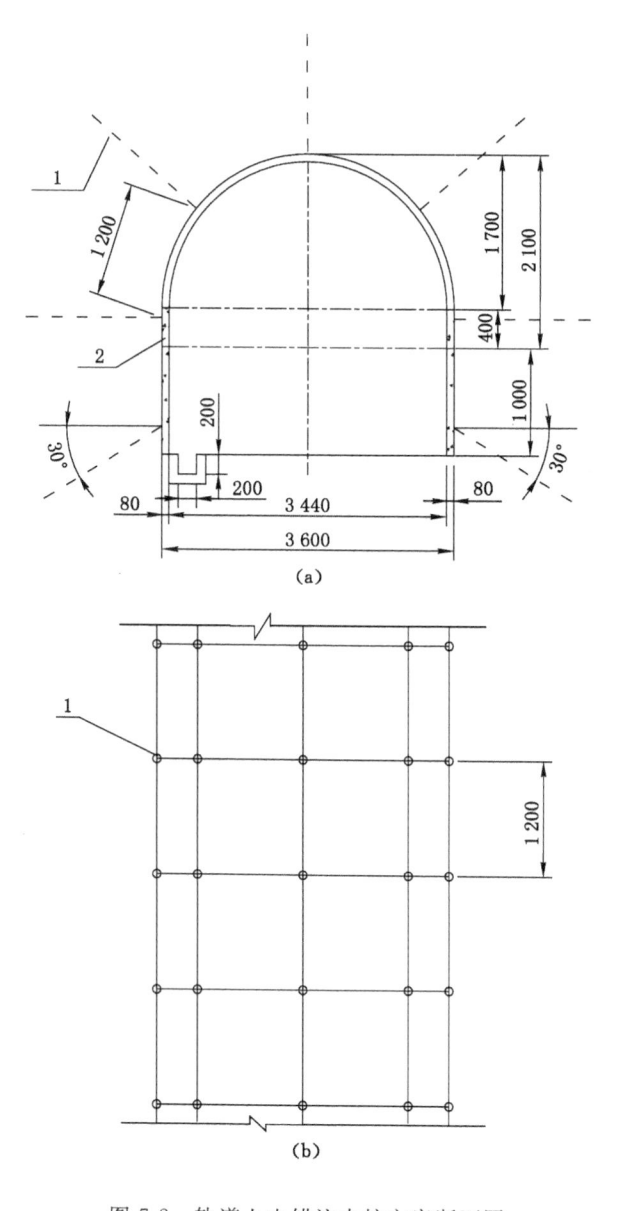

图 7-2　轨道上山锚注支护方案断面图

(a) 巷道支护断面图;(b) 顶板支护展开图

1——注浆锚杆;2——混凝土喷层

7.3.2.2 注浆锚杆

注浆锚杆选用螺纹钢中空注浆锚杆,规格为 $\phi25$ mm$\times$2 500 mm,间排距为 1 200 mm$\times$1 200 mm,其破断力$\geqslant$150 kN,杆体上顺序钻有 $\phi6$ mm 注浆孔,其结构如图 7-3 所示,杆尾砸扁,封孔采用快硬水泥药卷。底角注浆锚杆排距为 1 200 mm,距底板距离不大于 300 mm。

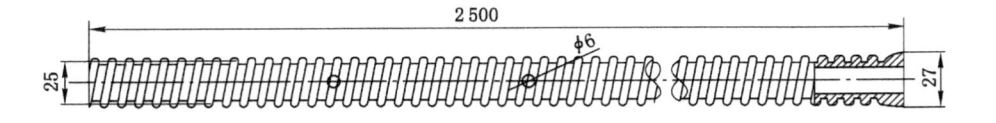

图 7-3　注浆锚杆结构

7.3.2.3 注浆参数

(1) 水灰比。

注浆材料是注浆技术中不可缺少的一个组成部分,注浆之所以能起到加固围岩的作用,就是取决于浆液在围岩中由液相到固相再转变为结石的结果,所以其浆液的好坏直接决定着这次注浆效果的成败。而在注浆时又需要充分考虑其成本,才能保证注浆支护的可行性,从而进行大范围的应用。注浆的浆液是由原材料、水和溶剂经混合后的液体,浆液注入围岩中所形成的固体通常称为结石体。

注浆材料基本要求如下:浆液应黏度低,流动性好,可注性好,稳定性好,易于用注浆泵经过管道及注浆孔压入围岩裂隙;注浆注入围岩裂隙后所形成的结石,要求结石率高、强度高;浆液的凝胶时间可随意调节并能实现准确的控制。故注浆材料采用普通硅酸盐水泥加添加剂,水泥采用 525$^\#$ 普通硅酸盐水泥,添加剂用量为水泥质量的 4%～6%。浆液水灰比为 0.7～1,浆液配合比如表 7-1 所列。

表 7-1　　　　　　　　　　　水泥添加剂单液浆配制表

序号	水灰比	水泥/kg	水/L	添加剂/kg
1	0.7	50	35	2～3
2	0.8	50	40	2～3
3	0.9	50	45	2～3
4	1.0	50	50	2～3

(2) 水泥添加剂。

为了增加水泥浆液的和易性、流动性、微膨胀性,提高水泥浆液的结石率和锚注岩体的强度,采用 ACZ-1 型水泥添加剂,用量为水泥质量的 4%～6%。

（3）注浆量。

注浆量的确定要本着既要有效地加固围岩达到一定的扩散半径,又要节省注浆材料和注浆时间的原则。对于单孔而言,为了保证合理的注浆量:一是控制泵压,注浆压力一般为 1.5～2.0 MPa,最大注浆压力为 3.0 MPa;二是根据相邻钻孔跑浆量来决定,相邻钻孔一旦跑浆应停止注浆。为保证注浆质量,插孔复注是非常必要的。根据近几年注浆实践,一般单孔注浆时间为 3～5 min,每孔最大注入量为 250 kg 水泥。

7.4　支护效果分析

7.4.1　监测方案

对跨采动压巷道进行系统的观测,目的是及时掌握锚杆承载工况、围岩变形特征以及巷道支护状况,也为围岩控制支护设计提供现场依据,及时优化支护参数。

7.4.1.1　主要观测参数

巷道支护监测的主要参数包括围岩表面位移、锚杆受力、锚杆锚固力以及围岩深部位移等。

（1）锚杆锚固力。

实际应用中,锚固力大都采用锚杆拉拔力。锚杆拉拔力是锚杆在拉拔试验中所能承受的最大拉力。拉拔力是评价岩体的可锚性能、锚固剂黏结强度、杆体力学性能的重要指标。拉拔试验不仅要检测拉拔力,还应记录拉拔过程中锚杆尾部的位移量,进而绘制拉力与位移曲线,综合起来分析锚杆的锚固效果。

（2）锚杆受力。

锚杆安装后,随着围岩的变形,锚杆承受的载荷会发生变化,监测锚杆工作载荷可以反映锚杆在各个不同时期所受的轴向力大小及与围岩的匹配情况,用于评价锚杆的实际工作特性及与围岩变形的关系,以判断锚杆是否对顶板起到应有的作用、有多大的强度储备等。

（3）巷道围岩深部位移。

巷道围岩深部位移值,一般监测锚杆锚固区层位和锚固区以上层位岩层的移动情况,可对巷道稳定状况提供直观显示,一旦巷道状况出现异常,便可以及时采取应急措施和补强加固措施。

（4）围岩表面位移。

　　围岩表面位移包括巷道顶、底板移近量和两帮移近量等。根据巷道围岩表面位移值可以判断锚杆支护的效果和围岩的稳定状况。

7.4.1.2　观测仪器

　　(1) 锚杆拉力计。

　　锚杆拉拔力检验是测定锚杆锚固性能的一种方法,而锚杆拉力计是最常用的锚杆拉拔力检测仪器。国内外开发研制了多种形式、规格和量程的锚杆拉力计,以满足不同巷道支护的需求。本次试验采用 ML-20 型锚杆拉力计,其最大拉力为 100 kN,如图 7-4 所示。

图 7-4　ML-20 型锚杆拉力计

　　(2) 液压式锚杆测力计。

　　液压式锚杆测力计通过测量液压枕油压来确定锚杆尾部所承受的载荷。本次试验采用的为 MYJ-10 型锚杆液压枕,如图 7-5 所示。这种类型的液压式锚杆测力计的压力值可以由压力表直接读出,其最大量程为 100 kN。仪器的工作原理非常简单,将液压式锚杆测力计置于锚杆托板下方,锚杆受力将挤压托板,托板将压力传递到液压枕上,引起液压枕内油压增加,增加的值显示在仪器上,然后经过简单的换算,即可得到锚杆尾部所承受的拉力。

　　(3) 多点位移计。

　　多点位移计是用来监测巷道在掘进和受采动影响的整个服务期间深部围岩变形随时间变化的一种仪器。国内外已研制出多种结构形式的多点位移计,以满足不同的巷道条件以及测量精度的要求,如中国矿业大学研制的 DWJ-2 型多点位移计,煤炭科学研究总院研制的 DW 机械式多点位移计,美国研制的声波

图 7-5   MYL-10 型锚杆液压枕

探头多点位移计等。本次试验采用的是 DWJ-2 型多点位移计,如图 7-6 所示。DWJ-2 型多点位移计最大测量深度为 6 m,每个钻孔布置 6 个测点,分别为7 m、5 m、4 m、3 m、2 m、1 m。

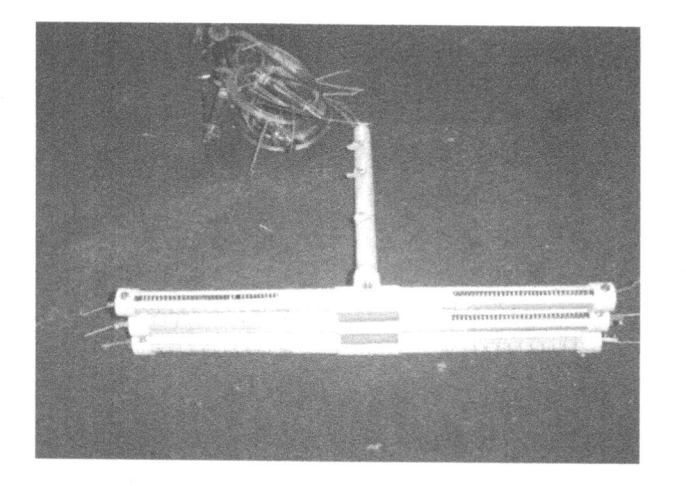

图 7-6   DWJ-2 型多点位移计

（4）断面收敛计。

巷道表面相对位移的测量仪器种类很多，选用时应根据巷道尺寸及待测位移量要求的精度等决定。对于小跨度巷道，除了采用钢卷尺、游标卡尺式测杆外，还可以用收敛计、测枪等。本次试验主要采用钢卷尺和游标卡尺式测杆测量。

7.4.1.3 观测方案设计

为了监测设计支护方案效果，在86采区轨道上山试验段布设2个表面位移观测断面、2个锚杆受力观测断面，综合观测断面布置如图7-7所示。

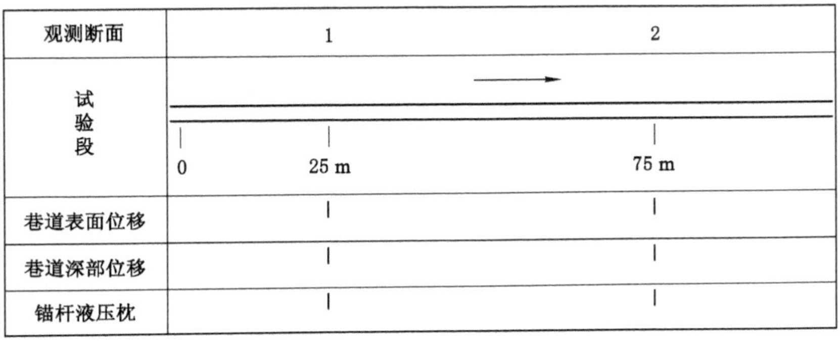

观测断面	1	2
试验段	——————→	
	| 0 | 25 m	| 75 m
巷道表面位移	|	|
巷道深部位移	|	|
锚杆液压枕	|	|

图 7-7　86采区轨道上山试验段综合观测断面布置

7.4.2 监测结果分析

为了分析控制方案的效果，在轨道上山加固段分别布置了两个观测断面，在回采过程中进行了长期观测，对观测的数据进行分析得出以下结果。

7.4.2.1 锚杆、锚索受力观测

据观测，顶板锚杆轴力变化范围为 60～80 kN，两帮锚杆受力范围为 60～80 kN，锚索受力范围为 100～130 kN。锚杆支护的工作状态较好，锚固质量较高。

7.4.2.2 顶板及帮部围岩深部位移监测结果及分析

顶板围岩深部位移的变化规律如图7-8所示。

由图7-8可知：762工作面距离巷道大于等于23 m时，巷道顶板围岩没有发生变形；当762工作面回采至距离巷道23 m，顶板围岩开始出现变形，由于对巷道进行了预加强支护，顶板变形量比较小；工作面跨采过巷道25 m后，巷道顶板围岩深部变形趋于稳定。顶板围岩浅部（2～3 m）变形量在8～10 mm的范围内，顶板围岩深部（3 m以上的范围）累计变形量达到17 mm，顶板的完整性较

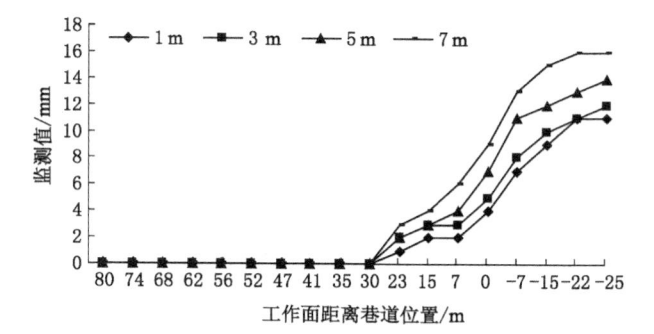

图 7-8　工作面开采时巷道顶板围岩深部位移变化规律

好。由此可见,加强支护能够有效地控制顶板围岩变形,顶板的稳定性较好。

帮部围岩深部位移的变化规律如图 7-9 所示。

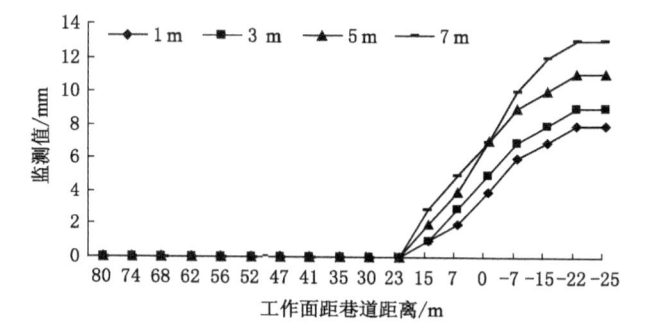

图 7-9　工作面开采时巷帮深部位移变化规律

注:1# 断面帮部多点位移计观测数据。

由图 7-9 可知:762 工作面距离巷道大于等于 23 m 时,巷道帮部围岩没有变形;当 762 工作面回采至距离巷道 23 m 时,帮部浅部围岩和深部围岩都开始出现变形,由于对巷道进行了预加强支护,巷道变形比较小;工作面跨采过巷道25 m 后,巷道帮部围岩变形量趋于稳定,帮部围岩累计变形量为 13 mm;随着762 工作面远离巷道,帮部变形速度和变形值都趋于常数。

7.4.2.3　表面位移观测结果及分析

我们分别在断面顶底板及两帮布设了表面位移观测点,顶底板及两帮位移的变化规律如图 7-10 所示。

由图 7-10 可知:

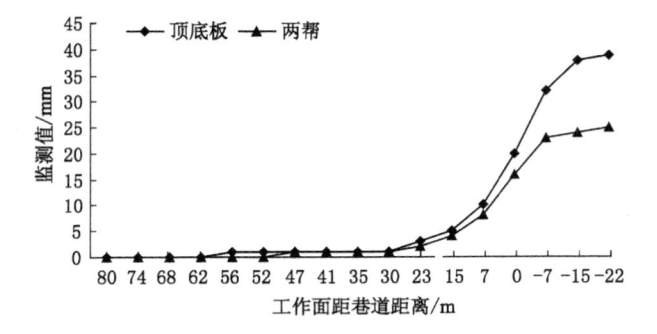

图 7-10　巷道表面位移随工作面推进变化关系

顶底板变形量:762 工作面回采至距离底板巷道 23 m 前,巷道顶板测点位移值保持不变;762 工作面回采到距离巷道 23 m 至 7 m 期间,底板巷道开始受到工作面采动的影响,但是变形量不大,最大为 17 mm;工作面回采到距离巷道 7 m 处至工作面跨采过巷道 7 m 期间,工作面变形量的斜率最大,说明此段时间内,巷道围岩的变形量变化速度最快,此段时间受到上方工作面采动的影响最大,最大变形速度为 4 mm/d;工作面跨采过巷道 7 m 后,顶底板变形量一直在增大,但是变化速度开始放缓,说明巷道受到上方工作面采动的影响逐渐减小;至工作面跨采过巷道 25 m,顶底板变形量最大为 35 mm。

两帮变形量:762 工作面与底板巷道的水平距离大于 23 m 时,巷道两帮处的测点变形量为 0;762 工作面距离巷道 23 m 至 7 m 期间,底板巷道开始受到工作面采动的影响,但是变形量不大,最大为 9 mm;工作面回采到距离巷道 7 m 处至工作面跨采过巷道 7 m 期间,工作面变形量的斜率最大,说明此段时间内,巷道的两帮变形量变化速度最快,此段时间受到上方工作面采动的影响最大,最大变形速度为 4 mm/d;工作面跨采过巷道 7 m 后,顶底板变形量一直在增大,但是变化速度开始放缓,说明巷道受到上方工作面回采的影响逐渐减小;至工作面跨采过巷道 25 m,两帮变形量最大,为 23 mm。

7.5　本章小结

根据数值模拟、理论分析、相似模拟的研究成果,结合轨道上山的工程地质条件,提出合理的支护方式,并成功地保持了巷道围岩的稳定性,得出以下结论:

(1) 选择先采 7 煤后采 9 煤的煤层开采顺序;基于此回采顺序,选择分阶段支护方案,即回采 7 煤前采用锚梁网索预加强支护,在 7 煤回采后而 9 煤未采之前选用以锚注为核心的支护体系。

（2）在上方工作面回采之前，对底板巷道进行预加固，尤其是对跨采动压巷道围岩的重点控制区域即巷道右拱腰处，采用锚网索支护方式进行了加强支护。当 7 煤工作面跨采过轨道上山后，轨道上山顶底板变形量为 35 mm，而两帮变形量为 23 mm，围岩变形量较小。可见此支护技术可以有效地控制巷道围岩的变形，保证了矿井安全、高效生产。

8 结 论

随着煤矿开采范围及开采强度的增大,跨采动压巷道的支护问题日益突出,特别是受多次动压影响的巷道,围岩变形破坏机理复杂,控制十分困难。因此,对跨采动压巷道围岩变形破坏及控制机理进行研究,不仅具有重要的理论意义,而且具有重要的工程应用价值。为此,本书基于弹性力学,首次应用附加应力算法分析了采动支承压力在底板中的传播规律,并将采动支承压力与巷道围岩应力有机结合在一起,建立了跨采动压巷道的弹塑性力学模型,进而运用数值模拟、相似模拟等研究手段,系统分析了煤层群采动影响下巷道围岩变形破坏特征与控制机理,并将研究成果成功运用到跨采动压巷道支护的工程实践中,得出以下主要结论。

(1)建立了底板采动应力分布规律的力学模型,并计算得出:① 沿工作面推进方向,工作面前方煤体下底板垂直应力集中,随着埋深的增加,其应力峰值逐渐远离工作面煤壁,且应力集中系数随着埋深的增加而逐渐减小,采空区底板垂直应力呈现卸压状态;② 沿工作面推进方向,工作面前方煤体下底板水平应力集中,但其应力集中程度远小于垂直应力集中程度,其对底板巷道围岩稳定性的影响很小;③ 工作面侧向煤壁前方煤体下底板水平应力集中,但其值小于沿工作面推进方向煤体底板下的水平应力。

(2)建立了采动应力在底板中传播的力学模型,并计算得出:① 底板下某点的采动应力集中系数随着埋深的增加而逐渐减小;② 底板下某点的卸压程度随着埋深的增加而逐渐减弱。

(3)建立了采场侧向采动应力分布规律的三维数值计算模型,得出:① 随着工作面的推进,在分析断面内侧向底板采动应力开始发生明显的变化,且随着工作面的推进逐渐增大;当采煤工作面推过分析断面一段距离时,侧向底板采动应力逐渐降低,且随着远离采煤工作面,逐渐地趋向缓和与均化,即峰值逐渐降低。② 在工作面侧向底板不同埋深处的采动应力是不同的,应力峰值随着埋深的增加而逐渐远离工作面平巷,且应力集中系数也逐渐降低。

(4)建立了底板巷道围岩主应力集中系数力学模型,并据此得出:① 底板巷道围岩主应力随着与上方工作面水平距离的缩短而逐渐增大,底板巷道与上方工作面垂直距离越小,其相同水平距离时的主应力值越大;② 当上方工作面跨采过底板巷道一段距离后,巷道围岩的主应力开始逐渐减小;③ 分别绘出 7 煤、9 煤采动时的底板巷道围岩应力主轴角的变化范围,得出 9 煤采动时的应力主轴角的变化范围大于 7 煤采动时巷道围岩的应力主轴角的变化范围。

(5) 建立了受采动影响的跨采巷道力学模型,并据此得出:① 开采 7 煤时底板巷道围岩塑性软化区与残余区半径分别为 3.82 m、3.66 m,巷道围岩变形量为 65.1 mm,随着远离巷道表面,径向应力逐渐恢复至原岩应力,而切向应力在巷道围岩弹塑性边界处达到最大值为 21 MPa,切向应力集中系数为 1.16,最后随远离巷道表面而趋于原岩应力。② 开采 9 煤时底板巷道围岩塑性软化区与残余区半径分别为 4.62 m、4.40 m,巷道围岩变形量为 179.3 mm,随着远离巷道表面,径向应力逐渐恢复至原岩应力,而切向应力在巷道围岩弹塑性边界处达到最大值为 25 MPa,切向应力集中系数为 1.39,最后随远离巷道表面而趋于原岩应力。③ 随着支护阻力的增大,巷道围岩变形量逐渐减小,但其减小的幅度也是下降的,这说明仅依靠提高支护阻力是不能有效控制巷道围岩变形的,还必须从提高巷道围岩自身的强度出发。

(6) 建立了跨采动压巷道的三维数值计算模型与相似材料模型,并由此得出:① 采用锚网索支护时,底板巷道在只受 7 煤采动影响时,巷道围岩除浅部外,基本上是处于弹性状态,因此巷道变形量不大;巷道在受到 9 煤采动影响时,其围岩深部也已进入塑性状态,巷道围岩变形量较大,此时巷道围岩进入破坏状态,说明巷道在回采 9 煤之前需进行加强支护。② 不同的煤层开采顺序对底板巷道围岩稳定性的影响是有差异的,按照先采 9 煤后采 7 煤的顺序开采完毕后,巷道围岩塑性区及变形量均大于按照先采 7 煤后采 9 煤顺序开采后巷道围岩的塑性区及变形量。按照先采 7 煤后采 9 煤的开采顺序更有利于底板巷道围岩的控制。③ 在上方工作面回采时,靠近工作面一侧的巷道拱腰部位最先进入塑性状态,且回采完毕后拱腰处的塑性区范围较大,说明靠近工作面一侧的巷道拱腰在动压影响下最先破坏,为重点的巷道围岩控制区域。④ 采用锚网索支护跨采动压巷道,虽能够"抵抗"7 煤工作面回采的影响,保持巷道围岩的稳定,但在 9 煤工作面回采时,巷道围岩塑性区范围较大,支护失效;采用锚注支护预加固巷道,在 9 煤开采过程中,巷道围岩塑性区范围明显减小,表明锚注为近距离跨采动压巷道围岩控制的有效方法之一。

(7) 针对淮北矿业(集团)有限责任公司海孜煤矿 86 采区煤层群下跨采动压巷道变形的特点,提出先采 7 煤后采 9 煤的煤层开采顺序;基于此开采顺序,对跨采动压巷道实施分阶段支护技术,即回采 7 煤前采用锚梁网索预加强支护,在7煤回采后而9煤未采之前再采用以注浆锚杆为核心的锚注支护体系,并对跨采动压巷道的重点控制区域进行了预加强支护。经过长时间的现场观测,研究结果表明:当7煤工作面跨采过轨道上山后,轨道上山围岩比较完整,且围岩变形量较小,可见此支护体系较好地保持了巷道围岩的稳定性。

研究成果可为类似条件下的巷道围岩稳定性控制提供重要的参考价值。

参 考 文 献

[1] 安学群,魏树群.锚杆预紧力对支护围岩的重要作用[J].河北煤炭,2000 (4):33-34.

[2] 柏建彪.沿空掘巷围岩控制[M].徐州:中国矿业大学出版社,2006.

[3] 柏建彪,侯朝炯,杜木民,等.复合顶板极软煤层巷道锚杆支护技术研究[J]. 岩石力学与工程学报,2001,20(1):53-56.

[4] 柏建彪,王襄禹,姚喆.高应力软岩巷道耦合支护研究[J].中国矿业大学学报,2007,36(4):421-425.

[5] 曹晨明,吴拥政.高预应力强力支护系统及其在潞安矿区的应用[J].煤炭科学技术,2008,36(11):26-30.

[6] 陈荣德,张苏铭,胡立国,等.高强度高预应力耦合支护技术在深井软岩巷道中的应用[J].煤矿开采,2008,13(1):46-48.

[7] 陈炎光,陆士良.中国煤矿巷道围岩控制[M].徐州:中国矿业大学出版社,1994.

[8] 陈沅江,吴超,潘长良.一种软岩结构面流变的新力学模型[J].矿山压力与顶板管理,2005(3):43-45.

[9] 陈宗基,康文法,黄杰藩.岩石的封闭应力、蠕变和扩容及本构方程[J].岩石力学与工程学报,1991,10(4):199-212.

[10] 陈祖煜.关于"边坡稳定性的三维极限平衡分析方法及应用"的讨论[J].岩土工程学报,2001,23(1):127-129.

[11] 丁秀丽.岩体流变特性的试验研究及模型参数辨识[D].武汉:中国科学院武汉岩土力学研究所,2005.

[12] 丁志坤,吕爱钟.岩石粘弹性非定常蠕变方程的参数辨识[J].岩土力学,2004,25(增刊1):37-40.

[13] 董方庭,等.巷道围岩松动圈支护理论及应用技术[M].北京:煤炭工业出版社,2001.

[14] 董方庭,宋宏伟,郭志宏,等.巷道围岩松动圈支护理论[J].煤炭学报,1994,19(1):21-32.

[15] 杜计平,侯朝炯,朱亚平,等.深井破碎围岩条件下煤巷锚杆构件合理配套[J].采矿与安全工程学报,2007,24(4):401-404.

[16] 樊克恭,翟德元,刘锋珍.岩性弱结构巷道顶底板弱结构体破坏失稳分析[J].山东科技大学学报,2004,23(2):11-14.

[17] 樊克恭,翟德元.巷道围岩弱结构破坏失稳分析与非均称控制机理[M].北京:煤炭工业出版社,2004.

[18] 范文,白晓宇,俞茂宏.基于统一强度理论的地基极限承载力公式[J].岩土力学,2005,26(10):1617-1622.

[19] 冯振山,程洪良.受动压影响的巷道合理支持方式探讨[J].煤,1997,16(4):47-49.

[20] 付国彬.巷道围岩破裂范围与位移的新研究[J].煤炭学报,1995,20(3):304-310.

[21] 付国彬,姜志方.深井巷道矿山压力控制[M].徐州:中国矿业大学出版社,1996.

[22] 付国彬,靖洪文,徐金海,等.巷道围岩松动圈随采深变化的规律[J].建井技术,1994(4):4-5.

[23] 付国彬,徐金海.深井底板岩巷的围岩破裂范围[J].矿山压力与顶板管理,1996(4):40-42.

[24] 高明中,黄殿武.底板软岩动压巷道围岩应力分布的数值分析[J].安徽理工大学学报,2003(9):14-18.

[25] 弓培林,胡耀青,赵阳升,等.带压开采底板变形破坏规律的三维相似模拟研究[J].岩石力学与工程学报,2005(23):4396-4402.

[26] 勾攀峰.巷道锚杆支护提高围岩强度和稳定性的研究[D].徐州:中国矿业大学,1998.

[27] 顾士亮.软岩动压巷道围岩稳定性原理及控制技术研究[J].能源技术与管理,2004(1):15-37.

[28] 关英斌,李海梅,路军臣.显德汪煤矿9号煤层底板破坏规律的研究[J].煤炭学报,2003,28(2):121-125.

[29] 郭惟嘉.采面底板应力分布及对底板突水的影响[J].中州煤炭,1990(1):19-21.

[30] 郝哲,刘斌.基于差分法及神经网络的硐室围岩力学参数反分析[J].岩土力学,2003,24(增刊2):77-80.

[31] 何炳银.复合顶板顺槽锚索的破断及其预防[J].水力采煤与管道运输,2007(1):27-31.

[32] 何炳银,王珏.沿空巷道锚杆与锚索破断的调查分析[J].矿山压力与顶板管理,2005(1):55-58.

[33] 何满潮.软岩巷道工程概论[M].徐州:中国矿业大学出版社,1993.

[34] 何满朝,景海涛,孙晓明.软岩工程力学[M].北京:科学出版社,2002.

[35] 何满潮,高尔新.软岩巷道耦合支护力学原理及其应用[J].锚杆支护,1997(2):1-4.

[36] 何满潮,袁和生,靖洪文,等.中国煤矿锚杆支护理论与实践[M].北京:科学出版社,2004.

[37] 侯朝炯,勾攀峰.巷道锚杆支护围岩强度强化机理研究[J].岩石力学与工程学报,2000,19(3):342-345.

[38] 贾蓬,唐春安,王述红,等.巷道层状岩层顶板破坏机理[J].煤炭学报,2006,31(1):11-15.

[39] 姜耀东,刘文岗,赵毅鑫,等.开滦矿区深部开采中巷道围岩稳定性研究[J].岩石力学与工程学报,2005,24(11):1857-1861.

[40] 蒋斌松,张强,贺永年,等.深部圆形巷道破裂围岩的弹塑性分析[J].岩石力学与工程学报,2007,26(5):982-986.

[41] 焦春茂,吕爱钟.粘弹性圆形巷道支护结构上的荷载及其围岩应力的解析解[J].岩土力学,2004(增刊1):103-106.

[42] 解联库,李华炜,杨天鸿,等.侧向压力作用下巷道围岩破坏机理的数值模拟[J].中国矿业,2006,15(3):54-57.

[43] 康红普.高强度锚杆支护技术的发展与应用[J].煤炭科学技术,2000,28(2):1-4.

[44] 康红普.巷道围岩的侧下角卸压法[J].东北煤炭技术,1994(2):26-29.

[45] 康红普,林健,张冰川.小孔径预应力锚索加固困难巷道的研究与实践[J].岩石力学与工程学报,2003(3):387-390.

[46] 康红普,王金华,等.煤巷锚杆支护理论与成套技术[M].北京:煤炭工业出版社,2007.

[47] 康红普,王金华,林健.高预应力强力支护系统及其在深部巷道中的应用[J].煤炭学报,2007,32(12):1233-1238.

[48] 孔德森,蒋金泉,范振忠,等.深部巷道围岩在复合应力场中的稳定性数值模拟分析[J].山东科技大学学报(自然科学版),2001,20(1):68-70.

[49] 赖应得,崔兰秀,孙惠兰.能量支护学概论[J].山西煤炭,1994(5):17-23.

[50] 雷承弟.二滩水电站枢纽区岩体蠕变试验[J].水电工程研究,1989(1):1-11.

[51] 李大伟. 深井软岩巷道二次支护围岩稳定原理与控制研究[D]. 徐州:中国矿业大学,2006.

[52] 李国富. 高应力软岩巷道变形破坏机理与控制技术研究[J]. 矿山压力与顶板管理,2003(2):50-52.

[53] 李海亮,王连国,吴宇,等. 复杂难支护巷道锚注支护技术研究[J]. 煤炭科技,2008(2):4-7.

[54] 李鸿昌. 矿山压力的相似模拟实验[M]. 徐州:中国矿业大学出版社,1988.

[55] 李金奎,崔世海. 高应力软岩巷道基角深孔爆破卸压的试验研究[J]. 铁道建筑,2005(4):79-80.

[56] 李明远,王连国,易恭蜻,等. 软岩巷道锚注支护理论与实践[M]. 北京:煤炭工业出版社,2001.

[57] 李世平. 岩石力学简明教程[M]. 徐州:中国矿业学院出版社,1986.

[58] 李树忱,钱七虎,张敦福,等. 深埋隧道开挖过程动态及破裂形态分析[J]. 岩石力学与工程学报,2009,28(10):2104-2112.

[59] 李兴高,高延法. 开采对底板岩体渗透性的影响[J]. 岩石力学与工程学报,2003,22(7):1078-1082.

[60] 李忠华,官福海,潘一山. 基于损伤理论的圆形巷道围岩应力场分析[J]. 岩土力学,2004(A2):160-163.

[61] 梁先发,王家来. 考虑围岩软化的圆形巷道粘弹塑性解析[J]. 工程力学,1998,16:582-587.

[62] 林崇德. 层状岩石顶板破坏机理数值模拟过程分析[J]. 岩石力学与工程学报,1999,18(4):392-396.

[63] 林峰. 煤层底板应力分布的相似材料模拟分析[J]. 淮南矿业学院学报,1990,10(3):19-27,11.

[64] 刘斌. 巷道围岩非线性变形破坏机理及其控制方法[J]. 中国矿业,1996,15(2):48-51.

[65] 刘建忠,杨春和,李晓红,等. 万开高速公路穿越煤系地层的隧道围岩蠕变特性的试验研究[J]. 岩石力学与工程学报,2004,23(22):3794-3798.

[66] 刘夕才,林韵梅. 软岩扩容性对巷道围岩特性曲线的影响[J]. 煤炭学报,1996,21(6):596-601.

[67] 刘夕才,林韵梅. 软岩巷道弹塑性变形的理论分析[J]. 岩土力学,1994,15(2):27-36.

[68] 卢爱红,茅献彪,彭维红. 软岩巷道的弹-黏塑性分析[J]. 采矿与安全工程学报,2008(3):313-317.

［69］鲁岩.构造应力场影响下的巷道围岩稳定性原理及其控制研究［D］.徐州：中国矿业大学,2008.

［70］陆家梁.软岩巷道支护原则及支护方法［J］.软岩工程,1990(3):20-24.

［71］陆士良,付国彬,汤雷.采动巷道岩体变形与锚杆锚固力变化规律［J］.中国矿业大学学报,1999,28(3):201-203.

［72］陆士良,汤雷,杨新安.锚杆锚固力和锚固技术［M］.北京：煤炭工业出版社,1998.

［73］马念杰,刘少伟,邓广涛,等.巷道锚杆尾部破断机理及合理结构的设计［J］.煤炭学报,2005,30(3):327-331.

［74］缪协兴,陈智纯.软岩力学［M］.徐州：中国矿业大学出版社,1995.

［75］潘天林.巷道围岩松动爆破卸压的试验研究［J］.东北煤炭技术,1996(8):22-25.

［76］彭维红,董正筑,李顺才.半平面体弹性问题的边界积分公式及应用［J］.中国矿业大学学报,2005,34(3):400-404.

［77］齐明山.大变形软岩流变性态及其在隧道工程结构中的应用研究［D］.上海：同济大学,2007.

［78］钱鸣高,缪协兴,许家林,等.岩层控制的关键层理论［M］.徐州：中国矿业大学出版社,2003.

［79］钱鸣高,石平五.矿山压力与岩层控制［M］.徐州：中国矿业大学出版社,2003.

［80］秦练,吴宝刚,李长龙.二矿深部地压巷道变形破坏的原因及防治［J］.内蒙古煤炭经济,2002(5):13-14.

［81］秦忠诚,王同旭.深井孤岛综放面支承压力分布及其在底板中的传递规律［J］.岩石力学与工程学报,2004,23(7):1127-1131.

［82］冉玉江,赵立龙.爆破锚杆卸压锚固注浆加固反拱底板技术及施工工艺研究与应用［J］.矿业安全与环保,2010,37(4):68-70.

［83］宋宏伟,郭志宏,周荣章,等.围岩松动圈巷道支护理论的基本观点［J］.建井技术,1994(4):3-9.

［84］宋振骐,蒋金泉.煤矿岩层控制的研究重点与方向［J］.岩石力学与工程学报,1996,15(2):128-134.

［85］孙金山,卢文波.非轴对称荷载下圆形隧洞围岩弹塑性分析解析解［J］.岩土力学,2007(增刊1):327-332.

［86］孙晓明,何满潮,董海蝉.煤矿软岩巷道耦合支护技术研究［J］.地球学报,2003(增刊1):156-161.

[87] 谈国文.大倾角煤层回采巷道围岩力学特征及锚杆支护研究[D].淮南:安徽理工大学,2008.

[88] 唐孟雄.采面底板应力计算及应用[J].湘潭矿业学院学报,1990,5(2):119-124.

[89] 陶波,伍法权,郭改梅,等.西原模型对岩石流变特性的适应性及其参数确定[J].岩石力学与工程学报,2005,24(17):3165-3171.

[90] 王洪涛.深部巷道围岩破坏机理分析与防治技术[J].山东煤炭科技,2004(1):4-5.

[91] 王金华.美国煤矿井下顶板控制对策[J].中国煤炭,1996,22(12):58-63.

[92] 王金华.我国煤巷锚杆支护技术的新发展[J].煤炭学报,2007,32(2):113-118.

[93] 王立朝.深井动压巷道围岩变形机理及支护技术研究[D].青岛:山东科技大学,2000.

[94] 王连国,李明远,毕善军.高应力复杂构造区煤巷锚注支护试验研究[J].矿山压力与顶板管理,2005,21(1):2-4.

[95] 王连国,李明远,王学知.深部高应力极软岩巷道锚注支护技术研究[J].岩石力学与工程学报,2005,24(16):2889-2893.

[96] 王连国,缪协兴,董建涛,等.深部软岩巷道锚注支护数值模拟研究[J].岩土力学,2005,26(6):983-985.

[97] 王连国,缪协兴,董建涛.动压巷道锚注支护数值模拟研究[J].采矿与安全工程学报,2006,23(1):39-42.

[98] 王连国,田金栋,吴宇,等.动压软岩巷道锚注支护技术试验研究[J].矿业开发与研究,27(1):63-65.

[99] 王连国,张连勇,李明好.高应力软岩巷道锚、梁、喷、注支护技术研究[J].矿山压力与顶板管理,2001(4):14-15.

[100] 王连国,张志康,张金耀,等.高应力复杂煤层沿空巷道锚注支护数值模拟研究[J].采矿与安全工程学报,2009,26(2):145-149.

[101] 王强.预防锚索破断处理技术研究[J].煤,2007,16(7):31-39.

[102] 王书兵,毛德兵,任勇.钻孔卸压技术参数优化研究[J].煤矿开采,2010,15(5):14-17.

[103] 王襄禹.高应力软岩巷道有控卸压与蠕变控制研究[D].徐州:中国矿业大学,2005.

[104] 王永岩.软岩巷道爆破卸压方法的研究与实践[J].矿山压力与顶板管理,2003(1):13-15.

[105] 王永岩.软岩巷道变形与压力分析、控制与预测[J].岩石力学与工程学报,2004,23(1):158-158.

[106] 王永岩,马士进,高菲.软岩巷道围岩变形时序预测方法的研究[J].辽宁工程技术大学学报(自然科学版),2001,20(4):505-506.

[107] 王泳嘉.粘弹性岩石中井筒的井壁压力及位移[J].东北工学院学报,1984(2):1-12.

[108] 魏福生.深部巷道围岩松动圈随地应力的变化规律及巷道控制技术的探讨[D].重庆:重庆大学,2001.

[109] 吴宇,王连国,李青峰.软岩锚注巷道围岩变形量的时序预测[J].采矿与安全工程学报,2006,23(4):456-459.

[110] 夏孝够.深井回采巷道围岩变形机理及支护技术研究[D].淮南:安徽理工大学,2006.

[111] 肖远见,李美海,周定武.开采层底板岩层的应力分布实验及探讨[J].矿业安全与环保,2005,32(5):28-31.

[112] 徐任飞,马满顺.对穿岩大巷受上部动压影响的研究[J].河北能源职业技术学院学报,2002(4):59-61.

[113] 徐学锋,窦林名,刘军,等.煤矿巷道底板冲击矿压发生的原因及控制研究[J].岩土力学,2010,31(6):1977-1982.

[114] 徐有基.构造及采动对金川二矿区 1150 中段围岩及矿岩稳定性的影响[D].兰州:兰州大学,2006.

[115] 徐芝纶.弹性力学简明教程[M].3 版.北京:高等教育出版社,2002.

[116] 杨永良.控制巷道变形的卸压爆破法[J].矿山压力与顶板管理,2005(1):33-35.

[117] 姚裕春.高水平应力软岩巷道围岩变形机理及支护对策[D].西安:西安科技学院,2002.

[118] 尹鹤峰,王宏,朱宏新.利用空间弹性理论分析和计算采动影响下的底板应力分布[J].阜新矿业学院学报,1992,11(1):19-24.

[119] 于学馥,乔瑞.轴变论和围岩稳定轴比三规律[J].有色金属,1981(4):9-14.

[120] 于学馥.地下工程围岩稳定分析[M].北京:煤炭工业出版社,1983.

[121] 袁文伯,陈进.软化岩层中巷道的塑性区与破碎区分析[J].煤炭学报,1986(3):77-85.

[122] 远朝霞.软岩动压巷道锚杆注浆支护方式探讨[J].煤炭工程,2004(11):13-14.

［123］翟所业,贺宪国.巷道围岩塑性区的德鲁克-普拉格准则解[J].地下空间与工程学报,2005(2):223-226.

［124］翟新献,姜学云,钱鸣高.移动压力支承作用下底板巷道围岩变形与采深的关系[J].焦作矿业学院学报,1994,13(6):16-20.

［125］翟新献,李化敏,卢喜庸,等.深部巷道围岩变形机理及对策[J].煤矿设计,1995(2):7-10.

［126］张洪敏,陈建文,牛伟.动压巷道的矿压显现与控制[J].矿山压力与顶板管理,2004(1):46-50.

［127］张农,高明仕.煤巷高强预应力锚杆支护技术与应用[J].中国矿业大学学报,2004,33(5):524-527.

［128］张向东,李永靖,张树光,等.软岩蠕变理论及其工程应用[[J].岩石力学与工程学报,2004,23(10):1635-1639.

［129］张向阳.动压影响下大巷围岩变形机理与卸压控制研究[D].淮南:安徽理工大学,2007.

［130］张晓君.矿柱及围岩对采空区破坏影响的数值模拟研究[J].采矿与安全工程学报,2006,23(1):123-126.

［131］张玉军,孙钧.锚固岩体的流变模型及计算方法[J].岩土工程学报,1994(5):33-45.

［132］郑雨天,王明恕,冯永煊,等.软岩巷道支护的模拟实验[J].建井技术,1987(3):53-57,63.

［133］周小平,钱七虎.深埋巷道分区破裂化机制[J].岩石力学与工程学报,2007,26(5):877-885.

［134］朱术云,姜振泉,姚普,等.采场底板岩层应力的解析法计算及应用[J].采矿与安全工程学报,2007,24(2):192-195.

［135］朱维申,何满潮.复杂条件下围岩稳定性与岩体动态施工力学[M].北京:科学出版社,1995.

［136］朱效嘉.锚杆支护理论进展[J].光爆锚喷,1996(3):1-4.

［137］AMADEI B. Measurement of stress change in rock[J]. International journal of rock mechanics and mining science and geomechanics abstracts,1985,22(3):177-182.

［138］ASMAA M Y. 2-D numerical simulation and design of fully grouted bolts for underground coal mines[D]. Morgantown:West Virginia University,2003.

［139］BROWN E T,HOEK E. Trends in relationships between measured in-situ stresses and depth[J]. International journal of rock mechanics and mining science and geomechanics abstracts,1978,15(4):211-215.

[140] CHERN J C,SHIAO F Y,YU C W. An empirical safety criterion for tunnel construction:Proceedings of the Regional Symposium on Sedimendary Rock Engineering[C]. Taipei:[s. n.],1998:222-227.

[141] COOLING C M,HUDSON J A,TUNBRIDGE L W. In situ rock stresses and their measurement in the U. K. —Part Ⅱ. site experiments and stress field interpretation[J]. International journal of rock mechanics and mining science and geomechanics abstracts,1988,25(6):371-382.

[142] EGGER P. Design and construction aspects of deep roadways(with particular emphasis on strain softening rocks)[J].Tunnelling and underground space technology,2000,15(4):403-408.

[143] GRADY P O,FULLER P,DIGHT R. Cable bolting in Australian coal mines current practice and design considerations[J]. Mining engineer, 1994(6):396-404.

[144] GRGIC D,HOMAND F,HOXHA D. A short-and long-term rheological model to understand the collapses of iron mines in Lorraine,France[J]. Computers and geotechnics,2003,30(7):557-570.

[145] GUO Y G,BAI J B,HOU C J. Study on the main parameters of side packing in the roadways maintained along god-edge[J]. Journal of China University of Mining and Technology,1994,4(1):1-14.

[146] HE M C. New theory in tunnel stability control of soft rock—mechanics of soft rock engineering[J]. Journal of coal science and engineering, 1996,2(1):39-44.

[147] HE M C,XU N X,YAO A J. Theory of SCSTKP in soft rock roadway [J]. Journal of China University of Mining and Technology,2000,10 (2):107-111.

[148] HOU C J. Review of roadway control in soft surrounding rock under dynamic pressure[J]. Journal of coal science and engineering,2003,9(1): 1-7.

[149] HOWARTH D F. The effect of pre-ezisting microcaviyies on mechanical rock performance in sedimentary and crystalline rock[J]. International journal of rock mechanics and mining science and geomechanics abstracts,1987,24(4):223-233.

[150] HUDSON J A,COOLING C M. In situ rock stresses and their measurement in the U. K. —Part Ⅰ. the current state of knowledge[J]. International journal of rock mechanics and mining science and geomechanics abstracts,1988,25(6):363-370.

[151] JING H W,XU G A,MA S Z. Numerical of discontinue rock mass in broken rock zone for deep analysis on displacement law roadway[J]. Journal of China University of Mining and Technology,2001,11(2):132-137.

[152] KAISER P K, GUENOT A, MORGENSTERN N R. Deformation of small tunnels—Ⅳ. behavior during failure[J]. International journal of rock mechanics and mining sciences and geomechanics abstracts,1985,22(3):141-152.

[153] KAWAHARA MUTSUTO,et al. Strain-softening finite element analysis of rock applied to roadway excavation:Proceedings of the International Symposium on Weak Rock[C]. Tokyo:[s. n.],1981.

[154] LADANYI B,GILL D E. Design of tunnel linings in a creeping rock[J]. International journal of mining and geological engineering,1988,6(2):113-126.

[155] LI X B,ZHOU Z L,LI Q Y,et al. Parameter analysis of anchor bolt support for large-span and jointed rock mass[J]. Journal of Central South University of Technology,2005,12(4):483-487.

[156] LI X H. Deformation mechanism of surrounding rock and key control technology for a roadway driven along goaf in fully mechanized top-coal caving face[J]. Journal of coal science engineering,2003,9(1):28-32.

[157] MALAN D F. Simulation and rock engineering of the time-dependent behavior of excavation sin hard rock[J]. Rock mechanics,2002,35(4):225-254.

[158] MALAN D F. Time-dependent behavior of deep level tabular excavations in hard rock[J]. Rock mechanics and rock engineering,1999,32(2):123-155.

[159] MATTHEWS S M,NEMCIK J A,GALE W J. Horizontal stress control in underground coal mines:Proceedings of the 11th International Conference on Ground Control in Mining[C]. [S. l. ;s. n.],1992.

[160] PARASCHIV-MUNTEANU I,CRISTESCU N D. Stress relaxation dur-

ing creep of rocks around deep boreholes[J]. International journal of engineering science,2001,39:737-754.

[161] SHAO J F,ZHU Q Z,SU K. Modeling of creep in rock materials in terms of material degradation[J]. Computers and geotechnics,2003,30:549-555.

[162] STEPHANSSON O,LJUNGGREN C,JING L. Stress measurements and tectonic implications in Fennoscandinavia[J]. International journal of rock mechanics and mining science and geomechanics abstracts,1991,28 (6):317-322.

[163] WANG W J,HOU C J. Study of mechanical principle of floor heave of roadway driving along next golf in fully mechanized sub level caving face [J]. Journal of coal science and engineering,2001,17(1):13-17.

[164] ZHANG K Z,XIA J M,JIANG J Q. Variation law of quantity of coal dust in drill hole and its application to determination of reasonable width of coal pillar[J]. Chinese journal of rock mechanics and engineering, 2004,23(8):1307-1310.

[165] ZHANG N. Study on strata control delay grouting in soft rock roadway [J]. Journal of coal science and engineering,2003,9(1):51-56.

[166] ZOU X Z,HOU C J,LI H X. The classification of the surrounding of coal mining roadways[J]. Journal of coal science and engineering,1996 (2):55-57.